近玻尔速度高电荷态离子碰撞产生的多电离

周贤明　编著

西安电子科技大学出版社

内 容 简 介

本书论述了近玻尔速度高电荷态离子与固体相互作用产生多电离的实验研究结果。其中第 1 章介绍了高电荷态离子碰撞产生内壳层电离过程的 X 射线辐射机制及其研究意义和研究背景；第 2 章简单介绍了 X 射线辐射测量的方法；第 3 章介绍了近玻尔速度 HCI 多电离态的产生；第 4 章介绍了多电离态对入射离子 L 壳层 X 射线辐射的影响；第 5 章论述了靶原子的多电离；第 6 章讲述了低能质子碰撞产生的多电离；第 7 章是对全书的总结。

本书可作为本科生学习原子物理、原子核物理的参考资料，也可为初涉研究高电荷态离子碰撞产生内壳层电离过程的相关人员提供参考。

图书在版编目(CIP)数据

近玻尔速度高电荷态离子碰撞产生的多电离 / 周贤明编著. —西安：西安电子科技大学出版社，2022.12
ISBN 978-7-5606-6747-8

Ⅰ. ①近… Ⅱ. ①周… Ⅲ. ①离子碰撞—研究 Ⅳ. ①O562.5

中国版本图书馆 CIP 数据核字(2022)第 235733 号

策　　划　戚文艳
责任编辑　南　景
出版发行　西安电子科技大学出版社(西安市太白南路 2 号)
电　　话　(029) 88202421　88201467　　邮　　编　710071
网　　址　www.xduph.com　　电子邮箱　xdupfxb001@163.com
经　　销　新华书店
印刷单位　陕西博文印务有限责任公司
版　　次　2022 年 12 月第 1 版　2022 年 12 月第 1 次印刷
开　　本　787 毫米×1092 毫米　1/16　印张 7.25
字　　数　167 千字
印　　数　1～1000 册
定　　价　23.00 元
ISBN　978-7-5606-6747-8 / O
XDUP 7049001-1

前　言

高电荷态离子(HCI)与物质相互作用的研究不仅对极端条件下原子物理、离子-原子碰撞反应动力学等基础研究具有重要的意义，而且在生命科学、材料科学、新能源技术等领域具有重要的应用。在近玻尔速度能区，入射离子与原子碰撞产生内壳层电离的过程比较复杂，能够产生外壳层多电离的特殊物理现象。但是由于受到实验条件的限制，该能区多电离的相关研究报道较少，离子与原子碰撞的作用机制尚不明确，还需进行进一步的系统研究。

本书依托中国科学院近代物理研究所 320 kV 高电荷态离子综合研究平台，通过 X 射线辐射测量分析，对 0.9～1.8 倍玻尔速度不同电荷态的 Ar、Xe、I 等离子作用于不同的靶材产生的多电离过程进行了系统研究，分析了入射离子能量、电荷态、靶原子序数等参量对该过程以及对相应 X 射线辐射的影响。书中具体研究内容如下：

(1) 明确了近玻尔速度 HCI 形成多电离态的过程与入射离子的能量、电荷态基本无关，与靶原子序数呈线性关系。

(2) 确定了适用于近玻尔速度能区碰撞电离的理论模型。近玻尔速度 HCI 产生内壳层的电离，可以用 BEA 理论进行模拟，但是要考虑库仑偏转、束缚能等修正；对 X 射线发射截面的估算，需要考虑多电离对荧光产额的影响。

(3) 发现了质子产生多电离的能量相关性。75～250 keV 质子能够产生靶原子的多电离，并且与入射离子能量密切相关，随入射离子能量的增加，多电离度迅速减小。

(4) 将 Cd、In、Nd 元素 L 壳层 X 射线截面的质子激发数据扩展到了更低能区的 75 keV，丰富了 PIXE 数据库；验证了 ECPSSR 理论在本实验能区对质子的适用性。

本书的主要内容是在中国科学院近代物理研究所完成的，编者衷心地感谢中国科学院近代物理研究所、兰州大学以及相关同事对本书的支持。本书的出版还得到了咸阳师范学院科技处、物理与电子工程学院的支持，在此也表示衷心的感谢。

由于编者的水平有限，书中难免有不妥与疏漏之处，真诚地希望读者批评指正。

编　者

2022 年 12 月

目　　录

第1章　绪　　论

近年来，随着离子源、加速器技术的发展，以及粒子探测手段和数据分析方法的不断进步，为配合天体物理、高能量密度物理等学科中对离子-原子碰撞过程中相互作用机制的基础研究，以及新材料科学、生命医学、环境科学、新能源探索等实际应用的发展需求，对高电荷态离子(Highly Charged Ions，HCI)与物质相互作用的研究一直是备受国内外相关研究机构关注的热点课题[1-3]。在近玻尔速度能区，HCI 碰撞产生内壳层电离的过程具有其特殊的复杂性和重要性。基于前期的调研和工作基础，本书将选择该能区的多电离现象，通过 X 射线辐射测量分析，对 HCI 碰撞激发内壳层电离的过程进行更深入的研究，以获得更清晰的物理图像，完善和发展已有理论，并为 HCI 与原子碰撞的作用机制、动力学过程和相关应用研究提供重要数据支持和实验依据。

本章将介绍 HCI 碰撞产生内壳层电离过程的 X 射线辐射机制、HCI 碰撞产生 X 射线的研究意义以及相关研究背景。

1.1　HCI 碰撞产生内壳层电离过程的 X 射线辐射机制

高电荷态离子是指壳层电子被高度剥离的重离子。由于核外电子的缺失，相比于轻离子、原子，高电荷态离子具有诸多的优点[2,4]：

(1) 半径小。同一元素的离子半径与壳层电子排布呈正相关，相比于中性原子，HCI 半径要小得多。例如，Xe^{54+}全裸离子的电荷分布半径约为 5.56 fm(1 fm = 10^{-15} m)，Xe 原子半径为 1.24×10^5 fm，约为全裸离子的 2.23×10^4 倍。

(2) 电荷态高、易加速。HCI 的电荷态等于被剥离轨道电子的数目，由于被高度剥离，所以其具有较高的正电性；离子的加速能量在直线加速器上与电荷态成正比，在回旋加速器上与电荷平方成正比，相比于质子，HCI 更容易获得更高的动能。

(3) 势能高。离子携带的势能在数值上等于被剥离电子的总电离能，随电荷态的增加，呈现出指数增长的趋势，如图 1.1 所示。质子、单电荷态离子的势能只有几或十几电子伏特(eV)，HCI 为几十或上百千电子伏特(keV)。比如，实验所用的 Ar^{11+}离子势能为 2.02 keV，约为质子的 150 倍；I^{26+}约为 950 keV，是其单电离态的近千倍。

(4) 库仑势场强。高正电性决定了 HCI 可产生高的电场强度，类氢 U 离子的库仑场强高达 10^{16} V/cm，比 H^+的场强高约 6 个量级。

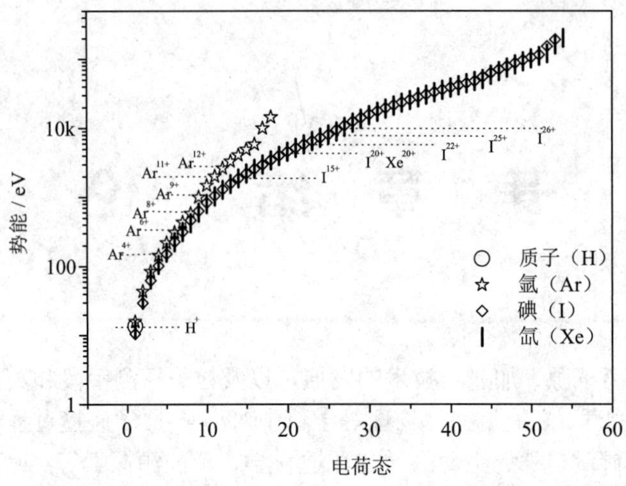

图 1.1　实验所用高电荷态离子的势能

基于 HCI 独特的性质，在不同的碰撞能区，其与物质相互作用的过程具有不同的特点，激发内壳层电离的过程也存在不同的机制。

在高能区，快重离子与固体相互作用，在其径迹上的能量损失呈现出布拉格(Bragg)曲线的特殊形式，并在布拉格峰(Bragg Peak)附近，以非弹性碰撞的形式沉积其大部分能量。

该作用过程可以分为两阶段来理解。

一阶段是在能量沉积坪区，在此阶段，除了极少数的高能离子能够克服靶原子核的库仑势垒进入核力作用范围发生核反应以外，绝大多数的入射离子是以库仑相互作用方式与靶原子的核外电子发生碰撞的；又由于该区域入射离子的速度较高，电子俘获截面比较小，与靶原子的作用时间较短，形成准分子轨道产生电子晋升的概率也较小，所以，产生的内壳层电离主要是轨道电子的直接库仑电离。

另一阶段是在射程末端，即布拉格峰能区，该能区离子的速度接近于玻尔速度，激发内壳层电离的过程较为复杂，除了靶原子的电离、激发，也存在入射离子的激发、退激过程。最终，通过一系列的碰撞，入射离子消耗其全部动能，退激为中性原子，停留在靶物质中。

在低能区，HCI 与固体的相互作用主要发生在表面附近[5]。在飞秒(fs)时间范围内，HCI 将其携带的大部分能量沉积在纳米尺度范围的靶区内，引起材料表面蚀刻、纳米尺度材料改性等现象。

在靠近靶材的过程中，HCI 产生的强库仑场引起了表面电子的极化，等效于在与其表面对称的位置上形成了一个等电量、反电性的“镜像电荷”，使得 HCI 向表面加速运动，直至完全中性化。根据经典过垒模型(Classical Over-the-Barrier Model, COBM)[6]，在上表面，HCI 达到临界距离 R_c($R_c \approx (2q)^{1/2}/W$，q 是离子的电荷态，W 是靶材的功函数)时，通过共振俘获(Resonant Capture)捕获靶表面原子的价电子到高里德堡态，形成第一代空心原子(First Hollow Atom, HA1)，实现中性化过程。这种空心原子一般处于不稳定的多激发态或高激发态，在达到表面之前通过辐射、电子发射或共振电离的方式向稳态退激。

在镜像电荷的加速作用下，HA1 的飞行时间一般要小于其寿命，到达表面时不能完全退激，剩余的电子会被剥离。同时，伴随着能量的释放，将产生电子发射、离子溅射、原子反冲、靶材改性等过程。

被剥离的离子进入下表面，由于携带势能未完全释放，其与靶原子发生近距离的相互作用，以共振填充的方式从靶原子的内壳层俘获电子到 n(n 为主量子数)较小的壳层，形成更为紧凑的空心原子，称为第二代空心原子(Secondary Hollow Atom，HA2)。在此过程中，如果离子的能量足够大，还可以发生入射离子的剩余电子、靶原子内壳层电子电离，形成准分子轨道等内壳层过程。HA2 也是一种不稳定的内激发态的离子，在固体中，最终将退激成稳定的原子状态并被靶材吸收。

无论是空心原子的退激，还是布拉格峰能区近玻尔速度高电荷态离子碰撞产生内壳层电离过程的退激，都涉及内壳层空穴非稳态激发离子的空穴填充过程。一个空穴的填充大体可以分为辐射跃迁和无辐射跃迁两种方式[7]。辐射跃迁主要向外辐射 X 射线，例如，KL 辐射跃迁发射 K 壳层 X 射线，LM 辐射跃迁发射 L 壳层 X 射线。而无辐射跃迁向外发射电子，主要有两种基本形式，一种是不同主壳层之间的电子-空穴跃迁，同时剩余的能量直接交给一个外壳层电子并使其电离，这种跃迁叫作俄歇跃迁(Auger transition)，被激发的电子叫作俄歇电子(Auger electron)；另外一种则是同一主壳层而不同支壳层之间的电子-空穴跃迁，退激剩余的能量直接激发或电离一个外壳层电子，这种跃迁叫作 CK 跃迁(Coster-Kronig transition)。实际上还存在一种出现概率较小的 CK 跃迁过程，即支壳层之间电子退激的剩余能量不是直接电离外壳层电子，而是用来激发同一主壳层内的另外一个电子，这种跃迁叫作超级 CK 跃迁。

X 射线辐射、电子发射作为空穴退激的直接结果，都可以作为研究 HCI 碰撞产生内壳层电离过程作用机制的基本方法。而实际上，相比于电子，X 射线具有更大的衰减长度，与靶作用也不会改变其能量。另外，相比于电子能谱的测量，X 射线计数和能谱测量的设备也较为简便，所以 X 射线辐射测量是研究离子-原子相互作用激发内壳层电离过程的一种较为简便且重要的方法。

1.2　HCI 碰撞产生 X 射线的研究意义

特征 X 射线辐射作为空穴退激的直接结果，可以明确给出发光原子的内部结构信息。通过 X 射线计数统计，可以得到内壳层的电离截面信息；通过能谱分析能量频移，可以判定外壳层的多电离，而对 X 射线精细谱的测量能够给出多电离态壳层电子布局的清晰物理图像，给出离子-原子碰撞内壳层电离过程的解释，为高电荷态离子-原子反应动力学的研究提供基础数据。

例如，Machicoane 等人通过测量低速高电荷态离子与表面作用过程中的 X 射线辐射，研究了 HCI 退激的内部双电子激发(Internal Dielectronic Excitation，IDE)过程[8,9]，对比了无 M 壳层空穴类 Ni 离子、一个 M 空穴类 Co 离子的 M 壳层 X 射线发射情况，发现类 Co 离子的 X 射线能量发生了蓝移，宽度较小，相对强度也较小，但是与类 Ni 离子相对强度的比值随原子序数的增加而增大。分析认为，类 Ni 离子的 M 壳层 X 射线主要来源于 4f-3d 的跃迁，4p-3d 的跃迁在主峰左侧的低能端产生小的伴线，俘获电子的数目和布局决定了谱线的宽度；类 Co 离子 M 射线的发射表明，在电子-电子相互作用下入射离子退激的同时发生了 IDE 过程，一个外壳层电子跃迁到 N 壳层，同时 M 壳层一个电子被激发到 N 壳层，即 3*lnl*' 态自发激发到了 4*lnl*' 态，产生了新的 M 空穴，并且该效应随入射原子序数的增加而逐渐增强。

除了作为原子结构、碰撞机制研究的直接手段，HCI 碰撞产生 X 射线辐射的相关研究在天文物理、高能量密度物理、材料表面表征、痕量分析、离子探测等许多基础研究和实际应用领域也具有非常重要的应用。

1. 天体物理研究、宇宙探索方面

宇宙中的大部分可见物质几乎均由高电荷态离子构成，其在太阳、中子星、脉冲星、X 射线双星等各种天体以及星际星云中广泛存在，在星体内部环境中，其与周围的粒子发生相互作用并向外辐射 X 射线，通过谱线辨别、强度的测量可以得到星体的组成、内部活动，以及宇宙的演化等信息。

例如，基于“伦琴”X 射线天文卫星的太空探测，马克斯布朗克外星物理研究所的研究人员在 2016 年第二次绘制了宇宙 X 射线地图。在其绘制图中，每个圆点代表一个天体辐射源，圆点的大小代表辐射源的亮度，X 射线辐射的能量由不同的颜色表示，最明亮的圆点代表黑洞等最强大的天体事件[10]。类似的宇宙微波背景图为暗物质、暗能量、宇宙大爆炸等研究提供了重要的信息。美国宇航局利用高灵敏的核光谱望远镜阵列(NuSTAR)拍摄了太阳 X 射线辐射照片[11]，为揭示太阳高能辐射、探索黑子周期性活动提供了直观的图像。例如，拍摄图片记录了巨型太阳黑子 486 活动产生的猛烈耀斑，由光谱分析推断出太阳高能辐射的能量在 2～5 keV 之间。

2. 离子测量、能损标定方面

HCI 在固体中行进时，与靶原子发生碰撞，不断损失能量，同时激发入射离子与靶原子向外辐射 X 射线。入射离子与探测器之间存在相对运动，根据多普勒效应，在不同深度，入射离子的能量不同，观察到 X 射线的频移也会不同。如果顺着束流的方向探测，离子远离探测器运动，相比于静止离子的辐射，将观察到 X 射线辐射的红移现象。随着深度的增加，能量损失增大，入射离子的速度变慢，红移量减小并逐渐趋向于标准波长。如果迎着离子前进的方向进行观察，离子向着探测器运动，观察到的 X 射线将发生蓝移。在路径上某一位置处，探测到 X 射线的波长可以表示为

$$\lambda_D = \lambda_0 \left(\frac{1}{\sqrt{1-(v/c)^2}} + \frac{(v/c)\sin\varphi}{\sqrt{1-(v/c)^2}} \right) \tag{1.1}$$

式中：λ_D 为实际测量波长；λ_0 为静止离子辐射波长；v 是入射离子的速度；c 是光速；φ 是观察角度。

使用位置灵敏的 X 射线探测系统，测量某一时刻入射离子的辐射光谱 λ_D，可以得到其在该时刻的速度，从而判定其能量损失的信息，这可以作为束流在线测量的一种重要的方法[12-15]。

Rosmej 等人利用高空间分辨的球面弯晶 X 射线谱仪在顺着束流的方向上测量了单核子 11.4 MeV 的 Ca^{6+}离子在气体硅凝胶中行进路径上的 X 射线位置分辨谱[16]。测量结果显示，入射离子的电荷态发生了变化，测到了不同电荷态离子的位置分辨谱；测量谱线向着长波方向发生了红移，但随着穿透深度的增加，红移量减小；根据频移量，得到入射离子

的最终单核子能量约为 2.8～3 MeV。

3. 材料表征、表面清洗等在线检测方面

材料表面改性、纳米尺度材料的制备在通信、信息存储、武器制备、航天研究等领域具有重要的应用，相关研究受到各个国家的高度重视。高纯度材料的检测、污染表面的清洗是一项关键的技术。根据高电荷态离子在不同材料表面退激过程的不同，其 X 射线谱的测量可以作为表面电学性质表征、清洁处理检测的在线或离线测试手段[17]。

Briand 等人通过测量低速 Ar^{17+}离子在 Au 表面附近退激产生的 X 射线精细谱，分析了离子轰击 Au 表面进行清洁处理与轰击时间之间的关系[18]。Au 属于良导体，相比于绝缘体，高电荷态离子入射时，其 M 空穴更容易俘获靶原子的导带电子而被填充，相应的 L 空穴的填充率也较大，得到 K 壳层 X 射线的精细谱中，KL^8(KL^n：K 壳层 X 射线发射时，L 壳层有 n 个电子)卫星线的比例最大[19,20]。其研究结果表明，对于污染的 Au 靶表面，由于杂质的存在，改变了其纯导体的表面电学性质，使得其辐射光谱更接近于半导体材料表面的情况。随着轰击时间的累积，表面杂质被溅射清洗，表面的导体性质越来越明显，得到的辐射谱也越来越接近于导体表面的情况。经过大约 3 个小时的溅射处理，辐射谱已呈现出金属表面的显著特性，说明 Au 表面的杂质被完全清理。

4. 高能量密度物理研究、等离子体状态诊断方面

能源开发不仅关系到民生利益，也具有重要的战略地位，其绿色持续发展与安全利用不仅是各个国家关注的重要问题，也是全人类所共同追求的目标。考虑到传统发电方式自身存在的问题和所受到的限制，例如火电废气排放造成大气污染，水力发电引起生态系统改变，风力、潮汐发电受到地理位置的限制，太阳能的利用受到天气的影响，裂变核能的利用存在放射性废物处理问题等，清洁能源的发展引起了人们的高度重视。可控聚变核能的利用为此问题的解决开辟了一条有效途径，相关研究也受到了国内外各大研究机构的广泛关注。为探索可控聚变条件、点火过程，科学家们开展了高能量密度物质的相关研究[21-30]。

高能量密度物质、温稠密物质处于高温、高密、高压、强耦合的稠密等离子体状态，由于其不透明度的影响，传统的可见光辐射在温度、密度等参量测量方面受到了限制，只能确定其表面性质，而对于内部状态的诊断则无能为力。但是 X 射线测量为该问题提供了有效的解决方法。在高温、高密等离子体环境中，存在大量的高电荷态离子，其退激向外辐射特征 X 射线，由于其具有较大的衰减长度，因而可以穿透靶区而被探测到。根据精细谱的测量，不仅可以直接判断靶材的电离度，通过谱线形状的分析，还可以推断出温度、密度等重要参量[31-44]。

目前最常用的手段是在内爆靶丸中掺入少量的示踪元素，然后测量它们的特征谱线，并配合理论模拟来判定内爆区等离子体的参数。例如，Hammel 等人通过分析 Ar 离子 K 壳层 X 射线的斯塔克展宽和线型确定了激光诱导聚变 Ar 等离子体的电子密度和电子温度[45]，根据对 He-β X 射线实验谱型的理论拟合对比，得到能量为 27 kJ、波长为 353 nm 的纳秒激光轰击 Ar 掺杂度约为 0.1 的靶丸产生稠密等离子体的电子密度约为 $1.2 \times 10^{24}\ cm^{-3}$，电子温度约为 1.5×10^3 eV(1eV = 11 600 K)。

Hansen 等人通过分析 Ti 离子 K_α X 射线精细谱，研究了飞秒激光等离子体加热产生 Ti 等离子体的电子温度[46]，给出了能量密度为 $10^{19}\ W \cdot cm^{-2}$ 飞秒激光轰击附 Al 衬底不同

厚度 Ti 靶产生等离子体中 Ti 离子的 X 射线辐射情况，通过与自洽场理论模拟的谱型进行对比，可以得到该条件下产生稠密等离子体的电子温度可达几十电子伏特，随着靶厚度的增大，平均电子密度和电离度随之减小。

另外，根据重离子的能损特点，重离子驱动也是进行惯性约束聚变、点火、高能量密度物质研究的一种可行方法。利用快重离子的能损坪区加热靶材可以得到较为均匀、大体积的高温、高密度状态物质区域，利用其在射程末端沉积大部分能量的特点，可以作为点火能量馈入的一种方式。测量高电荷态离子轰击固体产生 X 射线辐射的角分布、产额等信息，可以为重离子驱动惯性约束聚变的相关研究提供基础数据[47]。

5. PIXE 微量元素分析方面

离子诱导产生 X 射线(Particle Induced X-ray Emission，PIXE)微量元素分析技术，通过离子诱导产生特征 X 射线的能量识别、相对强度比对，来对样品的组分、含量进行测定[48,49]，其作为一种快速、简便的分析方法具有无介入、准确、灵敏、无需样品制备、多元素同时检测等优点，并且在材料科学、环境学、考古学、生物学、医学、司法学等领域得到了广泛的应用[50-54]。

例如，利用 PIXE 技术，Mohammed 等人分析了坦桑尼亚姆贝亚和莫罗戈罗两个地区水稻中 P、Fe、Zn 等微量元素的含量[53]。Freitas 等人通过对波尔图、利斯博亚、塞图巴尔、辛恩斯和蒙奇克等地区电场周围空气样本的测试分析了葡萄牙大陆地区 2007 年空气中 PM10 和 PM2.5 的主要成分与浓度[55]。Iwata 等人通过分析海洋中的微藻，研究了 Fe、Zn、Pb 等元素的生物富集效应[56]。Stihi 等人分析了生长在不同环境的落葵中 P、S、Cl、K、Ca、Mg 等微量元素的含量[57]。

Zhang 等人利用 PIXE 技术分析了中国南部出土的战国、汉朝墓葬中水晶陪葬品的主要成分[58]，给出了江苏汉墓中出土“龙眼”玻璃类陪葬品的 PIXE 分析谱图，Al、Si、Ar、K、Ca、Ti、Mn、Fe、Cu 等元素的特征 X 射线峰被清晰探测到，通过聚类分析方法得到样品中的主要成分包括 SiO_2、K_2O、Al_2O_3、BaO 等，分析认为其属于 K_2O-SiO_2 系玻璃。

1.3 研究背景

HCI 与固体相互作用产生内壳层电离过程的 X 射线辐射研究大约开始于 20 世纪 40 年代，并随着 ECR、EBIT 离子源，直线、回旋加速器，X 射线探测技术、数据获取技术以及计算机的发展，对其的相关研究一直备受关注，无论从实验上，还是从理论上都取得了极大的进步。根据其作用过程的不同，相关研究可以归类为：低于玻尔速度的低能区、高于玻尔速度的中高能区和近玻尔速度能区。下面我们将对低、中高能区的研究作简单的概述，分析一下近玻尔速度能区碰撞的特点以及目前存在的问题，从而引出本书的选题。

在低能区，HCI 与固体的相互作用主要表现为表面附近 HCI 的退激、材料表面的性能改变等。在实验方面，通过 X 射线的辐射测量，主要研究了上、下表面空心原子的形成和演化，给出了入射离子退激的直观物理图像。并分析了入射能、入射角度、电荷态、靶材等参数对该过程的影响。

1990 年，Briand 等人利用高分辨的晶体谱仪和 Si(Li)探测器研究了 HCI 在金属表面形成空心原子和其退激过程，得到了 Ar^{17+}离子在 Ag 表面辐射的 K_α X 射线精细谱[59]。实验结果表明，Ar 离子在 Ag 表面经历了共振俘获的中性化过程，在距离靶面大约 0.5～3 a.u.(1a. u. = 0.5292×10^{-10} m)的地方从 Ag 原子的 M、N 壳层俘获电子到主量子数 n 约为 3～7 的高里德堡态形成多激发态的空心原子。随后，该高激发态原子以级联跃迁的方式进行退激，同时向外辐射 X 射线、发射俄歇电子。在该过程中 M 壳层被快速填充，而 L、K 空穴退激较为缓慢。任意稳态 $K^1L^xM^y(N、O\cdots)^z$(其中 x，y，z 为电子数目)的退激率等于 L-K 和 M、N…-L 的退激率总和，每条 KL^nM^m(其中 n，m 为电子数目)态的寿命约为$(6\pm2)\times10^{-16}$ s，对于速度为 1.2×10^6 ms^{-1} 的 Ar^{17+}离子，填充一个 L 空穴向前行进的距离约为 7 ± 2.5 Å(1 Å = 10^{-10} m)。

Schulz 等人利用 Si(Li)探测器[60]、Briand 等人利用晶体谱仪[61]测量了不同入射速度的 Ar^{17+}离子在 Ge、Si-H 表面退激辐射的 K 壳层 X 射线，研究了 HCI 在靶材表面上、下的退激过程。结果发现，不同能量的低速 HCI 入射到固体表面，在上表面的存在时间不同，上、下表面的电子俘获过程不同，导致 X 射线的辐射也不同。在上表面，主要俘获电子到主量子数 n 较大的高里德堡态，形成第一代空心原子，通过级联退激辐射 K 壳层 X 射线时，L 壳层基本处于全空的状态，辐射谱线主要以 KL^1、KL^2、KL^3 为主。当进入下表面时，入射离子与靶原子发生近距离的碰撞，主要俘获靶电子到 M、N 等较低的能级，形成半径较小的第二代空心原子。由于 M 壳层电子向 L 壳层空穴的填充速率远大于 L 壳层电子跃迁到 K 空穴的退激速率，当该类空心原子退激辐射 K 壳层 X 射线时，L 壳层电子基本处于半满到全满的状态，辐射谱线主要以 $KL^x(x < 5)$为主。随着入射离子速度的增加，其在上表面的存在时间减小，产额降低，而在下表面的作用过程增长，这使得总的 X 射线辐射的能量向着低能方向逐渐移动。

Facsko[62]和 Briand[63]等人研究了低速 HCI 在不同材料表面的退激过程，分别给出了 Ar 离子在金属、半导体、绝缘体表面附近的 X 射线辐射情况。由分析结果可知，在金属表面，K 壳层 X 射线辐射时，L 壳层基本处于全满的状态，对于绝缘体来说，L 壳层存在较多空穴的多电离状态，而半导体的结果处于上述两者之间。分析认为，与金属靶作用，HCI 更容易从靶原子中俘获其导带电子到 M、N 等壳层，通过 LMM 俄歇过程，M 壳层再电离的速率约为 L 空穴填充速率的两倍，L 空穴的退激速率可以用 M 壳层的填充率来定性表示，所以，在金属表面产生 X 射线的结果更接近于原子数据。

Schulz[64]、d'Etat[65]、Winecki[66]等人研究了入射角度对 HCI 与表面作用过程的影响，给出了 51 keV Ar^{17+}离子在石墨烯表面退激辐射 K 壳层 X 射线能量随入射角度的变化关系。结果显示，该过程的 X 射线辐射来源于入射离子上、下表面的退激，而在上表面，入射离子主要形成处于高里德堡态的第一代空心原子，其 K 壳层 X 射线辐射时，L 壳层的电子布局较少，X 射线辐射的能量具有较大的蓝移量，随着入射角度的增大，入射离子在上表面的存在时间减少，这导致其 X 射线辐射的能量减小，并逐渐接近于原子数据。

另外，Yamada[67]、Watanabe 等人[68]研究了低速 HCI 势能沉积过程的 X 射线辐射能量损耗率，测量了低速全裸 I^{53+}、类氢 I^{52+}、类氦 I^{51+}离子作用于绝缘材料 Si-H 靶的 X 射线发射情况，得到了不同壳层空穴 X 射线的发射概率、产额，计算了能损的 X 射线消耗分配率。分析发现，在该作用过程中，X 射线的发射产额明显依赖于入射离子的壳层结构，K 壳层空穴通过 X 射线辐射填充的比例在实验误差范围内几乎可达 100%，L 壳层的此比例约为 20%，而 M 空穴主要由无辐射跃迁填充。X 射线辐射的势能损耗随电荷态的增加而增大，对于 I^{51+}，通过 X 射线辐射散失的势能约占总势能的 10%，而对于 I^{52+}和 I^{53+}而言，由于K壳层被打开，K壳层X射线辐射增强，使得高能光子辐射消耗能量损耗率增至30%～40%，相比之下，通过二次粒子发射，光辐射的损耗率不足10%[69]。

Schuch 等人通过 X 射线辐射测量研究了低速 HCI 退激过程中的内部双电子激发(Internal Dielectronic Excitation，IDE)过程[9,70]。实验得到了能量为 $7q$ keV 的不同初始电荷 U^{q+}离子作用于 Be 靶时的 X 射线，发现随着 M 壳层空穴数的增加，M 壳层 X 射线的辐射逐渐增强，并且对于没有初始 M 空穴的 62+、64+离子，也观察到了其 M 壳层 X 射线。分析认为，U 离子 M 壳层 X 射线主要来自上、下表面空心原子的退激，在 U 离子的中性化过程中，除了共振俘获，还存在激发，即内部双电子激发过程。非期望 M 壳层 X 射线的发现，为该机制的研究提供了直接的实验依据。

从理论上来看，Burgdörfer[6]等人建立的经典过垒模型(Classical Over-the-Barrier Model，COBM)对低速 HCI 在表面附近的退激过程进行了描述。理论认为，HCI 在入射到靶材表面的过程中首先在库仑场的作用下形成“镜像电荷”，并在此作用下向表面加速行驶，此时获得的动能增益可以表示为：$\Delta E = W \times q^{3/2} / 4\sqrt{2}$ (W 为靶材的逸出功)；到达临界距离 R_c 时，以共振转移的方式俘获靶原子中的导带电子到主量子数较大的高里德堡态($n = 1/\sqrt{1+(q-0.5)/\sqrt{8q}}$)形成空心原子。在到达表面之前，该“原子”以 X 射线辐射、俄歇电子发射、内部激发的方式进行退激。研究人员通过电子发射、光辐射测量、微孔膜 HA(Hollow atom，空心原子)萃取等方法，对这一模型进行了充分的验证。

Aumayr 等人研究了 HCI 在金属表面的电子发射，给出了 HCI 在镜像电荷加速作用下的动能增益与电荷态之间的关系[71,72]。研究发现，随着电荷态的增加，入射离子的动能增益逐渐增大，与 COBM 的估算基本吻合。Tökési[73]和 Ninomiya 等人[74, 75]利用微孔膜测量了出射 HCI 电荷态的分布，得到了稳定的空心原子，对 COBM 模型中的临界距离进行了验证。

Lwai[76]、Kanai[77]、Yamazaki[78]、Morishita[79]等人测量了 HCI 穿过厚度为 700 nm、微孔直径为 200 nm 的 Ni 微孔膜后的 X 射线、可见光辐射，并研究了 COBM 中的俘获主量子数 n 与初始电荷态之间的关系。分析发现，实验光谱主要来源于$\Delta n = 1$的辐射跃迁，对于初始电荷态为 q 的入射离子，实验光谱包括主量子数为 $q-1$、q、$q+1$、$q+2$、$q+3$ 壳层电子的退激，由此判断，HCI 共振俘获靶原子电子到高里德堡态占据的主量子数约为 $n \approx q + 1$(离散分布的半高宽约为$\delta n \approx 2$)，这与 COBM 的估算 $n \approx q + 1.3$ 基本一致。

Kavanagh 等人分析了入射离子 X 射线辐射随靶原子序数的变化关系[80,81]，研究了内壳层电离的准分子电子晋升机制[82-84]。实验给出了 160 keV Cu^{2+}在固体靶中的 L 壳层 X 射线辐射随靶原子序数的变化情况，在原子序数约为 30、60 的位置，出现了明显的辐射峰值。分析认为，对于 Cu 离子 L 壳层电子，除了直接的库仑激发，在特定的弹-靶组合下，还存在额外的准分子晋升机制。在第一个峰值附近，靶原子的 L 轨道电子能量与 Cu 的 L 壳层电子能量比较接近，通过 L-L 能级匹配，Cu 的 L 电子通过准分子激发，比较容易电离，从而导致辐射峰值的出现；同理，在 $Z_2 = 60$ 附近，由于 L-M 能级匹配，准分子激发增强，产生第二个辐射增强峰。该现象的发现，为准分子晋升机制的理解提供了直观的图像。

在高能区，HCI 碰撞产生内壳层电离过程的研究主要集中于靶原子的电离[85]，通过大量的实验对 K[86-95]、L[96-105]、M[106-115]壳层各分支和总的 X 射线发射截面的测量，研究了不同壳层电子的电离过程，分析了入射离子能量、电荷态、原子序数、靶材厚度等参数对内壳层作用过程的影响。另外，通过 X 射线辐射测量，研究了高电荷态离子碰撞产生的 K 壳层双电离、外壳层多电离、辐射非对称性、沟道效应等现象。

GryziŃski[116]、Zhao[117]、Lutz[118]、Mcmurray[119]等人通过对比 HCI 碰撞产生 X 射线的实验发射截面和理论计算值，研究了内壳层电子电离截面与入射离子入射能量之间的关系。研究结果给出了电离函数 $G(V)$与碰撞相对速度 $V(V=v_p/v_i$, v_p 为入射离子的速度，v_i 为目标电子的轨道速度)之间的关系，该函数直接反映了电离截面随入射离子速度的变化($\sigma_i \sim \sigma_0 \times G(V)/U_i^2$，$U_i$为 i 壳层电子的电离能)，可以看出，对于某一 i 轨道电子，被 HCI 碰撞电离的概率随入射离子的动能是先增大而后减小的，在两者速度大约相等的时候，电离截面达到最大值。在低能端，对于 i 电子的电离存在一个阈值，产生 i 电子电离的入射离子的最小动能可以表述为

$$E_q^{thr} = \frac{U_i}{2}\left(\frac{m_q}{M_t}+1\right)\left(\frac{m_q}{m_e}\frac{e}{q}\right)^{1/2} \tag{1.2}$$

式中：m_q 为入射离子的质量；M_t 为靶原子的质量；m_e 为电子质量；e 为元电荷量；q 为入射离子的带电量。

Sun[120,121]和 Warczak 等人[122,123]分析了靶原子 X 射线辐射与入射离子电荷态之间的关系，研究了内壳层电离的电子俘获机制[124-127]。研究结果给出了不同入射能量下，Cu 的 L 壳层 X 射线产生电离截面随 O(氧)离子初始电荷态的变化，当 $q \leqslant 6$ 时，实验发射截面基本没有变化，只是随入射能量的增加而增大；而当 $q > 6$ 时，发射截面迅速增加，相比于 $q = 5$ 时的数据，$q = 7$，$E = 14$ MeV 时的结果增加了 80%；$q = 8$，$E = 8$ MeV 时的结果增加了 240%。分析认为，这种变化是由额外的电子俘获(Electron Capture，EC)引起的。当 $O^{3+} \sim O^{6+}$离子入射时，Cu 的 L 壳层空穴主要是由直接的库仑碰撞电离(Direct Ionization, DI)产生的，而当电荷态上升到 7+、8+时，O 的 K 壳层空穴被打开，对于 Cu 的 L 壳层电子的电离，除了 DI 过程，还存在 L 电子转移到 O 的 K 空穴的 EC 过程，EC 的概率正比于对应壳层的空穴数，所以出现了实验上观察到的线性增加结果。

Watson 等人通过 X 射线截面、精细谱的测量，研究了 Al、Cu 的 K 壳层空穴的产生与入射离子原子序数之间的依存关系[128,129]。实验首先分析了靶原子 K_α X 射线的精细谱、K_β/K_α 的相对强度比，以及 L 壳层的电离参数(P_L)，得到了 L 壳层电子的多电离的布局情况，计算了 K 壳层 X 射线的荧光产额，最后分析了 K 壳层 X 射线的发生截面。研究发现，随着入射离子原子序数的增加，靶原子的 L 壳层出现了多电离，P_L 在低 Z(入射离子原子序数，Z<30)区迅速增加，随后变化较为平缓；碰撞过程存在直接电离、电子俘获等多重作用机制，在 Z<10 时，实验结果与 ECPSSR(经过能量损失(Energy-loss)，库仑偏转(Coulomb-deflection)，定态微扰(Perturbed-Stationary-State)和相对论效应(Relativistic)修正的平面波恩近似(PWBA)理论)的理论值比较吻合，当 Z>10 时，理论值高于实验值，并且差距随 Z 的增加逐渐变大。

Gray[130-132]和 Brandt[133]等人研究了靶材厚度对靶原子 X 射线辐射的影响。高速 HCI 碰撞产生内壳层的电离与入射离子的初始电荷态有关，随着电荷态的增加，除了直接的库仑电离，电子俘获的概率会增大。在固体中，HCI 经历一系列的碰撞，在电离和俘获的双重作用下，

在某一深度处，将达到某一等效的平衡电荷状态，在此之前，X 射线激发将表现出明显的电荷态效应。研究发现在 8 MeV C^{q+}的轰击作用下，Al 的有效 K 壳层 X 射线发射截面与靶的厚度有关，不同厚度的靶对入射离子电荷态的屏蔽不同，导致 X 射线发射截面的不同，当靶的厚度大约大于 6 $\mu g/cm^2$ 时，对于不同初始电荷态的入射离子来说，靶的发射截面几乎不存在差别，大约为 1.35×10^4 barn(1barn = 10^{-24}cm^2)，此时的等效电荷态约为 5+。在此之前，由于电荷态效应的存在，不同厚度处，发射截面随电荷态的增加而增大。随着靶的厚度增加，对于高电荷态离子，俘获作用使得电荷态降低，产生的 X 射线的辐射截面逐渐减小；对于低电荷态离子，电离作用使得电荷态升高，产生的 X 射线的辐射截面增大。总的来说，在一定范围内，不同的靶材厚度，影响了入射离子碰撞的有效电荷态，从而影响了 X 射线的辐射截面。

Lapicki[134,135]和 Polasik 等人[136,137]从理论上研究了高速 HCI 碰撞产生内壳层的多电离情况，分析了 L、M 壳层多电离对 K 壳层 X 射线辐射的影响[138-140]。研究发现，随着 L、M 壳层电子的多电离，剩余电子的结合能增加，K 空穴填充的辐射跃迁、俄歇跃迁过程的概率发生了变化，导致 K 壳层 X 射线辐射的能量、强度均发生了变化。L 壳层电子的缺失对 K 壳层 X 射线辐射能的影响较为明显，随着 L 电子的减少，不仅辐射能发生了明显的蓝移，K_β 也出现了辐射增强，而 M 壳层电子的变化，对 K 的 X 射线的辐射强度的影响不大，随着 3p 空穴的增加，辐射能没有明显变化，而直接关系到 M 电子的 K_β 辐射明显减弱。

Hatke[141]和 Azuma 等人[142-144]通过测量高能 HCI 轰击晶体靶产生入射离子、靶原子的 X 射线辐射，研究了 HCI 在晶体中的沟道效应。HCI 穿过固体靶时一般会经历激发、电离、电子俘获、X 射线发射等一系列的原子过程，而当与晶体靶作用时，在沿着沟道方向将表现出明显的沟道效应。沿着沟道方向，对于靶原子来说，与入射离子的碰撞次数减少，相应的原子过程减少，X 射线辐射产额减小；对于入射离子来说，其激发、电离、俘获过程也会被抑制，导致出射离子的电荷态保持较大比例的原始状态，但是发射 X 射线的产额，取决于激发和电离的双重作用，与晶体的厚度、入射离子类型有关。对于薄靶，在沟道情况下的碰撞激发过程小于随机方向结果，导致退激 X 射线辐射减小。对于厚靶，电离概率降低，导致 X 射线辐射增强。对于特定的靶厚，入射离子 X 射线产额在沟道、随机两种情况下是相反的。相比于轻离子，重离子的电离截面较小，出现产生反转的靶厚就较大。

Kumar 等人测量了高能重离子产生靶原子 X 射线辐射角分布情况[145-147]，分析发现，单空穴 K 壳层 X 射线的辐射是各向同性的，而双电子俘获产生 K 壳层 X 超卫星线的辐射是各向异性的，$K_{\alpha1}$ 与 $K_{\alpha2}$ 的相对强度比大约在 60° 方向上最大。L 壳层 X 射线的辐射在实验误差范围内基本是各向同性的，例如 18 MeV C^{4+}轰击 Au、Bi 靶产生 L_β、L_γ X 射线的归一强度随观察角度是基本不变的。

对于快重离子碰撞产生内壳层的电离过程存在不同的机制，在理论上，对应不同的碰撞体系研究人员建立了不同的理论模型对其进行描述。例如，在 $Z_1 \ll Z_2, v_p/v_i \gg 1$ (Z_1 是入射离子原子序数，Z_2 是靶原子序数)的非对称碰撞系统中，靶原子内壳层轨道电子电离的主要机制是直接库仑电离，这可以用两体碰撞近似(Binary counter Approximation，BEA)[148]，平面波波恩近似(Plane Wave Born ApproXimation，PWBA)[149]和 ECPSSR[150]模型来描述。尤其是 ECPSSR 理论，它在 PWBA 的基础上进行了入射离子的能量损失(E)、库仑偏转(C)、靶原子轨道电子的微扰处理(PSS)和相对论电子质量修正(R)等改进，对于轻离子和中高能重离子引起内壳层的电离给出了比较准确的预言，并且加入了联合原子近似

(Unite Atom，UA)进一步修正的 ECPSSR 理论(ECPSSR-UA 或 ECUSAR)，在某些系统中对实验截面给出了更好的预测[151]。在 $Z_1 \leqslant Z_2$，$v_p/v_i \geqslant 1$ 的非对称碰撞中，除了直接电离，内壳层的电离还需要考虑电子俘获(Electron Capture，EC)的贡献，基于第一波恩近似的 OBKN(Oppenheimer-Brinkman-Kramers approximation of the Nikolaev)模型对该机制的贡献进行了估算[152-154]。在 $Z_1 \approx Z_2$ 的对称碰撞系统中，电子转移在内壳层空穴的产生过程中占主导地位，准分子模型(Quasi-Molecular-Orbital，MO)能够对其进行很好的描述[155]。

研究人员对 HCI 碰撞产生 X 射线辐射在实验和理论方面做了大量的工作，为方便检验、促进发展各种理论，丰富 PIXE 数据库，质子碰撞产生靶原子各壳层 X 射线的发射截面测量也受到了广泛的关注。Lapicki 和 Paul 等人[156,157]在 1989 年对质子产生 K 壳层 X 射线的发射截面做了汇总，后来大量连续的工作又对此做了补充[158-163]；2014 年，Miranda 等人汇总了各元素 L 壳层各分支和总的 X 射线发射截面数据[164]，加上最新的 2519 个 $L_{\beta1,3,4}$、$L_{\beta2,15}$、$L_{\gamma1}$、$L_{\gamma2,3}$、$L_{\gamma4,4'}$ 数据[165-167]，大约共有 19 000 个数据。

此外，Miranda 等人分析了不同原子参数对低于 1 MeV 质子产生 L 壳层 X 射线发射计算的影响[168]。Lapicki 等人讨论了轻离子引起外壳层多电离对内壳层 X 射线发射的影响[169]。Cioplla 等人测量了低能质子碰撞中 Z(Z 为靶原子序数)元素产生 L 壳层 X 射线的强度，研究了低能质子碰撞引起外壳层的多电离现象，给出了 75～300 keV 质子碰撞 Z 为 39～50 时元素产生 L 壳层 X 射线的相对强度比的理论与实验的比值随靶原子序数的变化[170]。结果显示，低能质子碰撞，类似于高能质子或重离子的情况，也能产生外壳层的多电离；此外，在直接电离和 CK 跃迁的共同作用下，当 L 壳层 X 射线发射时，在 M、N 等外壳层上发生了多电离，这导致实验上观察到的 L_l、$L_{\beta1}$、$L_{\beta2,15}$ 与 L_αX 射线的相对强度比大于单电离的理论计算值。

在国内，高电荷态离子的特殊性、应用的重要性，以及其与原子碰撞过程中许多悬而未解的问题吸引了众多科研人员的高度重视，借助于串联静电加速器、EBIT(Electron Beam Ion Trap)离子源、ECR(Electron Cyclotron Resonance)离子源，中国科学院近代物理研究所、中国科学院高能物理所、复旦大学、兰州大学、西北师范大学、西安交通大学和咸阳师范学院等单位开展了 HCI 碰撞产生 X 射线辐射相关的实验研究工作并取得了重要成果[171-180]。

例如，Zhao 等人对比了 Ar^{17+}离子与固体靶、剩余气体相互作用的 X 射线发射谱，研究了第二代空心原子的形成与退激[181]。研究发现，由于该入射离子在上表面的飞行时间大约为 7×10^{-16} s，远小于 K 壳层空穴的退激时间 10^{-15} s，排除 HA1 的退激，可推出实验谱线主要来源于下表面 HA2 的发射；相比于残余气体的作用，Ar^{17+}离子进入固体后，从靶原子中俘获电子，M、L 壳层被快速填充，结果使得 K 壳层 X 射线发射时，入射离子几乎处于 L 壳层 5～6 个电子并且 M 壳层全满的状态，这增强了壳层电子的屏蔽效应，使得测量谱线的能量变小，而宽度增大。

通过分析能量为 1.6 keV Xe 的 X 射线发射，相关人员研究了低速 HCI 高里德堡态的退激以及双电子单光子辐射过程。研究表明，不同电荷态的低速 Xe 离子作用于 Be 时，在能量 1.6 keV 附近出现了强度较大的未识别谱线，并且随着电荷态的增加，其辐射强度增大、能量向着高能方向蓝移，如图 1.2 所示。排除靶原子的特征峰，分析认为，该辐射来源于 Xe 的 M 空穴的退激，由于其能量远大于特征 M 壳层 X 射线的能量，可判定其不是 Xe 的特征 M 壳层 X 射线。Zhao 等人认为，该谱线来源于双 M 空穴退激的双电子单光子过程，其能量约为特征 M 线的两倍[181]；Zhang[183]和 Song[184]等人通过计算，认为该谱线主要来源于 Xe 离子高里德堡态电子到 M 空穴的退激。目前，两种解释对实验结果似乎都能讲通，随着 M 空穴的增加，壳层电子对核的屏蔽效应减弱，导致 X 射线辐射能增大；两种解释假定退激的概率都会增大，结果使得 X 射线产额增加，这与实验结果完全符合。

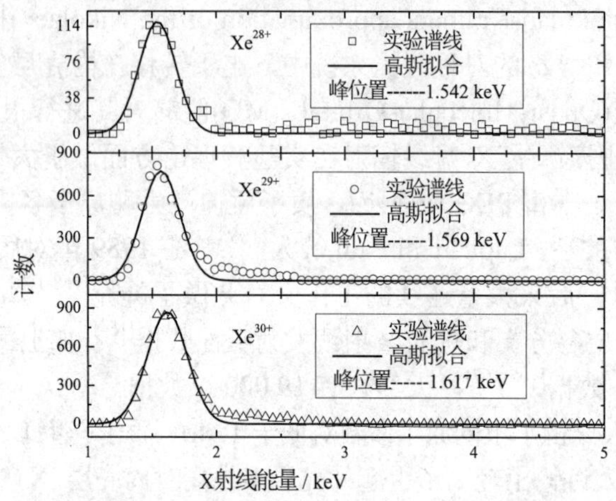

图 1.2　350 keV Xe^{q+}与固体 Be 靶相互作用 X 射线发射谱

Chen[185]、Song[186]、Ren[187]等人通过分析 Ar^{q+}、Xe^{q+}离子碰撞产生 Al、Fe 的 K 壳层 X 射线辐射随入射离子电荷态的变化关系，研究了 HCI 碰撞产生内壳层电离过程准分子晋升机制的电荷态相关性。如图 1.3 所示，当 Xe 离子电荷态增加到 30+时，其激发 Fe 的 K 壳层 X 射线的相对强度出现明显的增大，分析认为，该系统中对于靶原子 K 壳层电子的电离存在两种机制，即直接电离与准分子激发。直接电离的截面基本不受初始电荷态的影响，而准分子激发的概率与电荷态有关。随着电荷态的增加，Xe 离子的 L 壳层能级能量越来越接近于 Fe 的 K 壳层能级能量，通过准分子轨道转移产生 Fe 的 K 壳层空穴的分配概率增大，大约在 $q = 34$ 时达到最大值，所以在实验中观察到了辐射增强。

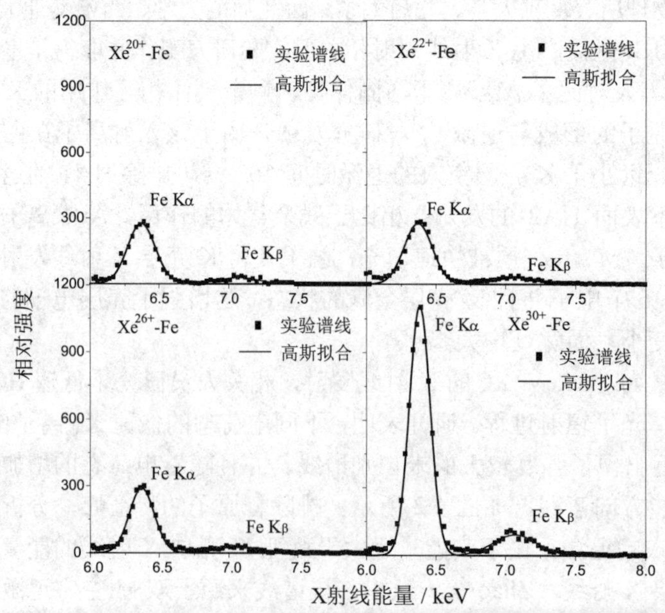

图 1.3　5 MeV Xe^{q+}作用于 Fe 靶的 X 射线发射归一谱

编者在前期工作中分析了 $Z_1 \approx 2Z_2$ 非对称碰撞系统中近玻尔速度 HCI 碰撞产生 X 射线的理论估算修正[188,189]，如图 1.4 所示，给出了 2.4～6.0 MeV Xe^{20+}离子轰击固体 V(钒)靶产生靶原子 K 壳层 X 射线的实验发射截面与不同的理论计算值。结果显示，通过双重修正的 BEA 理论计算值与实验结果较为符合。分析认为，在近玻尔速度能区，高电荷态重离子激发内壳层电离过程可以用两体碰撞近似理论来处理，但是要考虑库仑偏转对有效碰撞速度的降低，以及低速情况下，入射离子剩余轨道电子的屏蔽效应所引起有效碰撞电荷变化等因素。

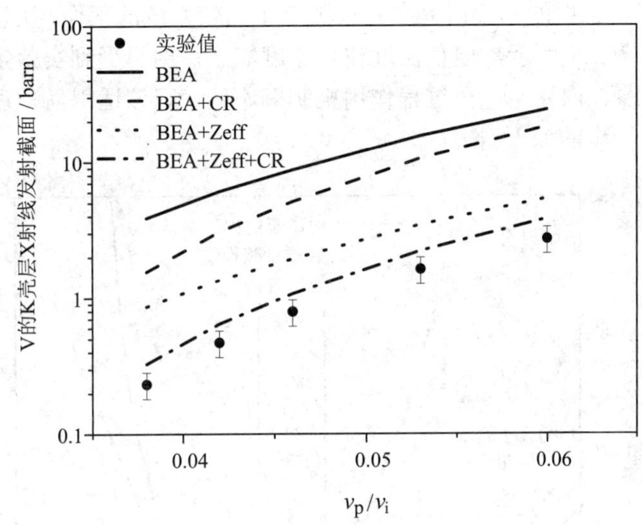

注：BEA 为两体碰撞近似理论计算值，CR 为库仑偏转修正，Zeff 为有效电荷态修正

图 1.4 Xe^{20+}碰撞产生 V 的 K 壳层 X 射线发射截面实验与理论的对比

通过对 X 射线辐射强度分布的测量，Zou 等人研究了电子束离子陷阱(Electron-Beam Ion Trap，EBIT)中 HCI 产生的双电子复合过程(Dielectronic Recombination，DR)，给出了不同 DR 过程产生的 X 射线强度分布[190]。以 KLL 表示 Ar^{q+}离子俘获一个电子到 L 壳层，同时将 K 壳层的一个电子激发到 L 壳层，随后相应 K 空穴的退激向外辐射 X 射线的 DR 过程。研究发现，随着电子能量的增加，自由电子被俘获到 L 壳层后的剩余能量增大，K 壳层电子被激发到高激发态的主量子数越来越大，可以观察到 KLM、KLN 以及其他的 DR 过程，同时，相应的退激过程，除了 K_αX 射线的辐射，还出现了 M、N 等更高能级到 K 壳层直接退激的辐射过程。

Wang 等人研究了重离子激发外壳层多电离对 W、Ta 原子 M 壳层 X 射线辐射的影响[110, 111]。分析认为，MeV 量级的重离子在入射固体表面时，会与靶原子的多个壳层轨道电子发生相互作用，除了 M 壳层单电子的激发，也会产生更外壳层电子的多电离，在此影响下，靶原子的 M 壳层 X 射线辐射发生了变化，能量向着高能方向移动，M_γX 射线相比于单电离的情况，出现了辐射增强，使得 M_γ 与 $M_{\alpha\beta}$ X 射线的相对强度比增大，并且随着入射离子原子序数的增加，多电离的情况越来越明显，M_γ 与 $M_{\alpha\beta}$ X 射线的比值也越来越大。

除此以外，Guo 等人测量了 1500～3500 keV Xe^{q+}离子作用于 Ag 靶时产生的 Xe-Ag 联合原子的直接退激 X 射线分子谱，从实验上直接证明了低能重离子碰撞产生内壳层电离过程准分子激发机制的存在[191]。Lei[192]和 Ren[193]等人分析了靶原子 Si(硅)的 K 壳层 X 射线辐射截面随入射离子原子序数、Xe^{20+}离子 L 壳层 X 射线产额随靶原子序数的变化，发现了近对称碰撞体系中的 X 射线辐射增强效应，证实了准分子激发的能级匹配机制。Liang 等人[194, 195]研究了 Eu 离子轰击 Au 产生其 M 壳层 X 射线辐射与入射能量的关系，讨论了 M 壳层 X 射线激发的能量阈值问题；分析了 Xe^{q+}离子激发 Au 的 M 壳层 X 射线辐射的电荷态增强效应等。还有很多优秀的成果，这里将不再一一列举。

根据相关文献调研[1-250]，虽然在低于玻尔速度的低能区、大于玻尔速度的中高能区，HCI 碰撞产生 X 射线辐射的相关研究在实验上有了比较系统的工作，从理论上也建立了比较完善的模型，如图 1.5 所示，但是在近玻尔速度能区，由于受到实验条件的限制，相关的实验研究报道较少，内壳层电离过程作用机制尚不明确，该适用何种理论进行描述也暂无定论，还需要进一步的深入研究。

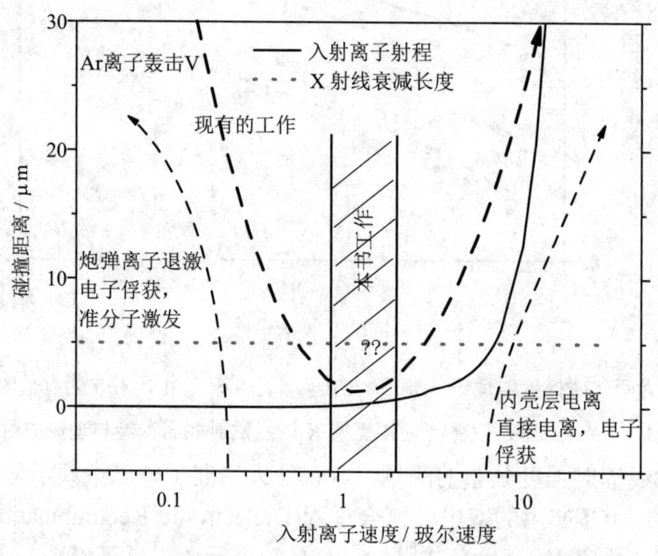

图 1.5　不同能区高电荷态离子碰撞产生内壳层电离过程的行为与机制

事实上，近玻尔速度能区的 HCI 能量比较特殊，与靶原子相互作用存在复杂的内壳层电离过程，碰撞可产生多电离、X 射线发射电荷态相关性等特殊物理现象。例如，入射离子产生区别于初始电荷态的多电离态便是近玻尔速度高电荷态离子与固体作用产生内壳层电离过程的一种特殊现象。

对于低速 HCI，其携带动能不足以激发内壳层电子，与固体的作用主要表现为入射离子从靶原子中俘获电子的中性化过程。如图 1.5 所示，对于快重离子，穿过其特征 X 射线衰减长度靶材的时间一般小于空穴的退激时间，从而观察不到入射离子的内壳层演化过程，辐射测量的主要是靶原子内壳层电子的电离信息。而在近玻尔速度区域，高电荷态离子的穿透深度(一般小于 1 μm)远小于其特征 X 射线的衰减长度，其与原子碰撞产生内壳层电离的过程极为复杂，入射离子除了从靶原子中俘获电子退激外，还具有足够的能量使其壳层电子产生电离，在电子俘获和电离的双重作用下，其外壳层可以产生不同于初始电荷态的多电离态。相应的，对于靶原子，其受到入射离子较长时间的作用，产生壳层电子的电离，除了直接的库仑作用，也可能存在电子俘获、准分子激发等作用机制。伴随着内壳层空穴的产生，外壳层也可能出现多电离的状态，从而引起相应 X 射线辐射的变化。

综上所述，考虑到 HCI 碰撞产生 X 射线辐射研究的重要性，在近玻尔速度能区内 HCI 产生内壳层空穴作用过程的特殊性，目前相关研究的局限性，多电离 X 射线研究的可行性，本书选择“近玻尔速度 HCI 碰撞产生的多电离”进行 X 射线辐射实验研究。

第 2 章　X 射线辐射测量的方法

本书采用 X 射线辐射测量的方法，通过分析 K、L 壳层 X 射线辐射能、分支相对强度比以及发射截面等信息，研究近玻尔速度 HCI 碰撞产生 L、M 及更外壳层的多电离现象；对比 X 射线产生截面的实验结果与理论计算值，讨论现有内壳层电离理论在近玻尔速度能区的适用性并进行相关修正，同时分析多电离荧光产额、不同原子参数对发射截面计算的影响。

实验测量工作是在中国科学院近代物理研究所 320 kV 高电荷态离子综合研究平台的 1#原子物理实验终端上完成的，如图 2.1 所示，该束线装置主要包括电子回旋共振离子源(Electron Cyclotron Resonance Ion Source, ECRIS)高压平台，束流传输系统，实验靶区测量系统，水、电、真空维持设备等。该平台可开展离子刻蚀、材料辐照、电子发射、X 射线辐射、微孔导向、离子束与等离子体相互作用等 HCI 相关实验[196-198]。X 射线辐射测量在超高真空球形靶室(真空度约为 10^{-9} mbar)中进行，相关数据由探测器、获取软件记录并存储于计算机。后续数据处理主要利用 Origin7.5 办公软件完成。

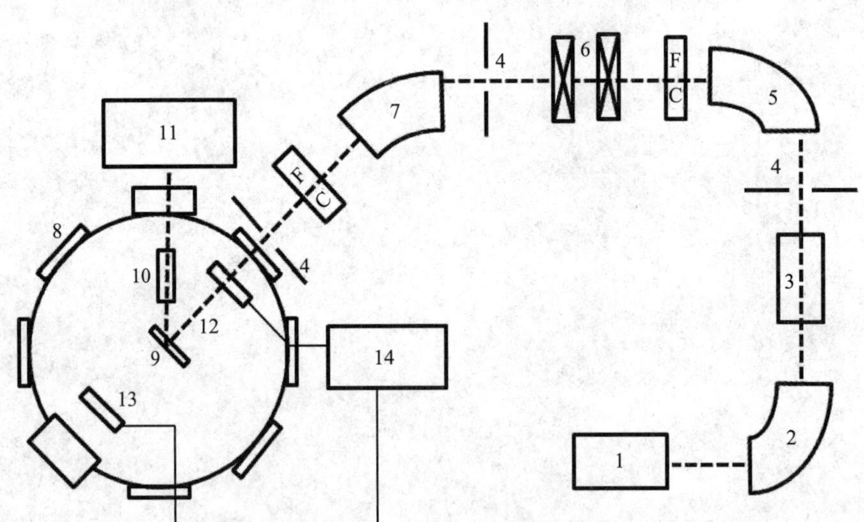

1—ECRIS 离子源；2—分析磁铁；3—高压加速平台；4—四级光阑；5—90° 分析磁铁；6—四极透镜；7—60° 偏转磁铁；8—超高真空球形靶室；9—靶；10—硅漂移探测器；11—X 射线获取系统；12—穿透式法拉第圆筒；13—法拉第圆筒；14—离子数获取系统

图 2.1　320 kV 高电荷态离子综合研究平台 1#终端示意图

本章将首先介绍 HCI 产生、传输、计数测量，X 射线测量等实验测量装置，然后阐述 X 射线发射截面的实验和理论计算方法。

2.1　实验测量装置

2.1.1　离子束的产生与传输

实验所用 H^{+}、Ar^{q+}、Xe^{20+}和 I^{q+}离子由中国科学院近代物理研究所自主研发并安装于 320 kV 高压平台上的兰州全永磁电子回旋共振 2 号离子源(Lanzhou All-Permanent magnet ECR ion source no. 2, LAPECR2)产生[199]。ECRIS 是一种在磁场约束条件下利用高频微波来加热电子产生高电荷态离子的装置，其基本的工作原理为：首先，利用微波电场加热“中心区域”的中性气体或蒸发原子使其电离为等离子体，在磁场的作用下，该等离子体被约束在“中心区域”内；然后，其中的电子继续从微波中获取能量，再次与周围离子发生碰撞，经过多次作用使离子逐次剥离成为 HCI。一般来讲，约束磁场中电子的回旋频率(ω_e)正比于磁场的磁感应强度(B)，而当输入微波的频率(ω_{RF})与 ω_e 相当时，电子更容易吸收能量，从而碰撞产生更内壳层轨道电子的电离，得到高电荷态的离子。长时间的等离子体约束，可以增加碰撞次数，提高离子电荷态，但不利于 HCI 的累积。所以，最终引出离子束的电荷态和流强由磁场强度、约束时间和微波功率等参数共同决定。

LAPECR2 由 1412 块永磁铁组成，产生磁场强度的轴向分布入口端可达 2 特斯拉(T)、出口端可达 1.05 T、中间段最小值约为 0.35～0.52 T；径向磁场约为 1.15 T。等离子体靶区位于六极永磁铁内，内径为 67 mm，动态真空注入端真空度约为 1.5×10^{-7} mbar，引出端约为 7.68×10^{-8} mbar。注入微波频率为 14.5 GHz，可产生 H^{+}、Ar^{q+}、Xe^{q+}等全部气体元素离子，C^{q+}、S^{q+}、I^{q+}等非金属元素离子，和 Li^{q+}、Fe^{q+}、Ti^{q+}、Ta^{q+}等部分金属元素离子；可实现 H、He、C、N、O、Ne 等较轻元素的全电离，剥离 Ar 离子的电荷态可达 17+，Xe 离子可达 31+；最大输出束流流强高达毫安(mA，$1\ \text{mA} = 10^{-3}$ A，A 为电流单位安培)量级，产生全裸 O 离子的能谱中，O^{6+}离子的束流流强可达 1 mA。

ECRIS 产生的离子具有不同的电荷态，为满足实验的需求，经初级电压(LAPECR2 小于 25 keV)引出后需要进行电荷态选择。一般使用磁场偏转的方法来进行筛选，对于给定磁感应强度 B，沿着分析磁铁半径轨迹出射离子的电荷态 q 可以表示为

$$q = \frac{2Um}{B^2 R_B^2} \tag{2.1}$$

式中：U 为引出电压；m 为离子质量；R_B 为分析磁铁的半径。通过调节 B 值，可以得到特定的电荷态，但是不能区分荷质比相同的两种离子。LAPECR2 所用的选择磁铁为 90°分析磁铁。

离子在传输过程中，由于空间电荷效应的存在，带正电的 HCI 之间相互排斥，因此会出现一定角度的发散，为保证到达实验靶区离子的流强，需要对束流进行聚焦和准直。本研究平台使用两个四级磁铁进行聚焦，前级磁铁主要实现水平方向的聚焦，后级磁铁对竖

直方向进行聚焦；使用偏转磁铁改变束流方向，X、Y 校正磁铁对束流方向进行调整；加限束孔进行束流准直。

如图 2.1 所示，由 LAPECR2 产生的 HCI 离子，经初始电压引出后，在离子源平台上先由 Glass 透镜和一组 X、Y 校正铁进行初级调整，然后进入 90° 分析磁铁进行电荷态选择，后经过加速管进行加速，再经过 90° 偏转磁铁进入主束线管道，由两个四级透镜进行聚焦，由 60° 偏转磁铁引入 1#终端束线，再次经过 X、Y 校正后，经两级限束后引入实验靶室，垂直入射到靶面上。靶室入口处限束孔的直径为 10 mm，穿透式法拉第筒作为二次限束孔，其直径为 3 mm，经测定，到达靶面束流的发散度小于 0.7° 。

2.1.2　X 射线辐射测量

实验中 HCI 碰撞产生的 X 射线利用硅漂移 X 射线探测器(Si Drift Detector，SDD)进行测量。该探测器由美国 AMPtek 公司研制，型号为 XR-100SDD，具有分辨能力强、效率高、体积小、无需液氮冷却、安装方便等优点，外观尺寸为 12.30 × 4.45 × 2.85(cm)，质量为 125 g，可以直接放入真空靶室使用；外配 PX4 控制器，实现 SDD 的供电、冷却控制和信号处理，其输入端由真空穿墙线缆与 SDD 连接，输出端通过 USB 接口与计算机直接连接，由 ADMCA 程序软件进行可视化控制。

SDD 探头探测的有效面积为 7 mm^2、厚度为 450 μm；前端真空密封铍(Be)窗厚度有 12.5 μm 和 25 μm 两种规格；成峰时间选为 9.6 μs 时，对 ^{55}Fe 在 K_α X 射线(5.9 keV)的能量分辨约为 136 eV；信噪比约为 7000∶1，背景计数率在 2～150 keV 范围内小于 3×10^{-3}/s；增益稳定性小于 20×10^{-6}/℃，当增益设为 100 时，有效的能量测量范围约为 0.5～14 keV。硅漂移 X 射线探测器(SDD)实物如图 2.2 所示。

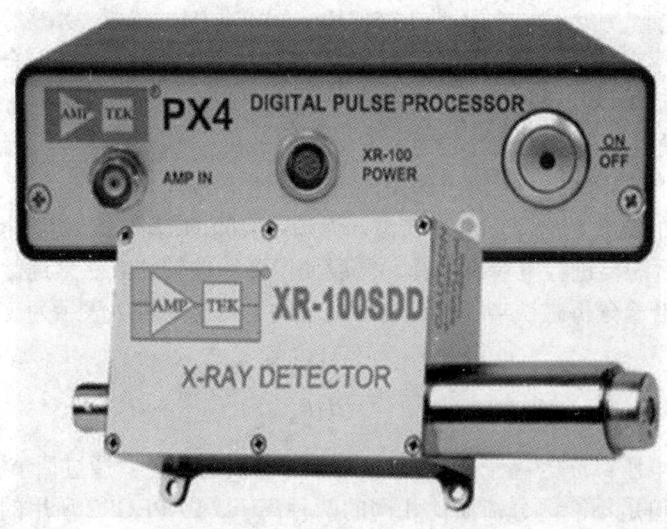

图 2.2　硅漂移 X 射线探测器(SDD)实物图

SDD 的实验位置布局如图 2.3 所示，SDD 距离靶点 80 mm，与靶面法线(束流线)成 45° 夹角，探测立体角约为 0.0011 Sr(弧度)。在 SDD 顶部和底部外加水循环系统进行散热，工作温度约为 210～220 K(开尔文)。

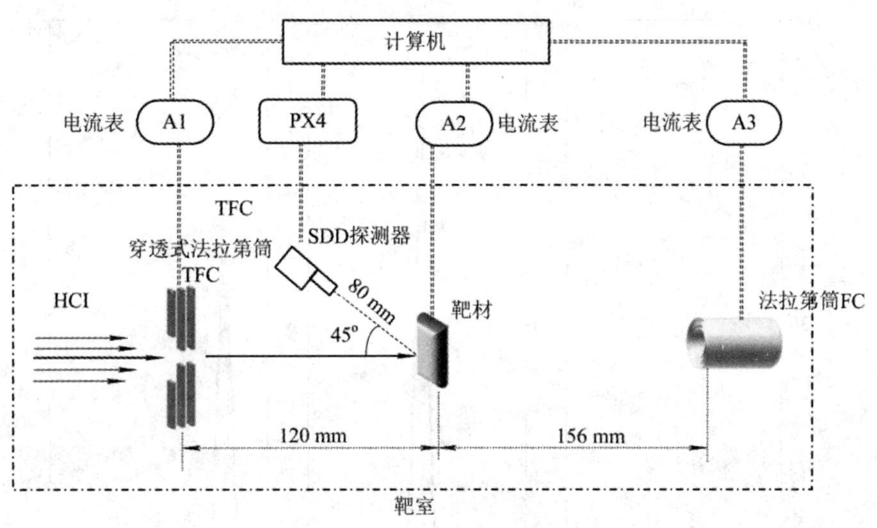

图 2.3　HCI 碰撞产生 X 射线辐射测量示意图

SDD 对不同波段 X 射线的探测效率由 Be 窗穿透率和探测器探头晶体灵敏度两方面的因素决定，在低能段主要取决于 Be 窗的厚度，对于 2～3 keV 的 X 射线穿透率大于 90%；在高能段主要依赖于探头的有效作用深度，随光子能量的增加相应降低，但对于 9～12 keV 光子的探测率仍高于 90%；如图 2.4 所示，总的探测效率在 3～10 keV 能区范围内高达 95% 以上。

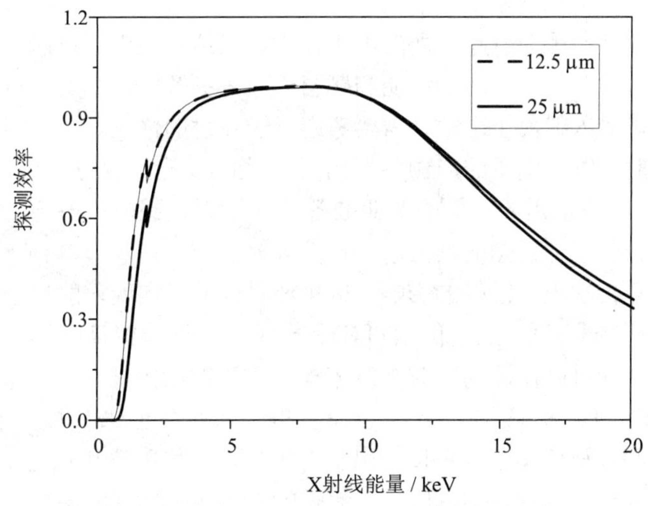

图 2.4　不同铍窗厚度 SDD 探测效率曲线

为保证准确的能量测量，实验上利用 ^{55}Fe 和 ^{241}Am 两块标准源对 SDD 的能量进行了刻度，并利用质子谱进行了验证。图 2.5 给出了质子产生 Al、V、Fe 的 K_α X 射线能量测量的测试结果，利用 origin 的 Gauss 多峰拟合分析发现，相应的能量值为 1.488 ± 0.002 keV、5.428 ± 0.004 keV、7.060 ± 0.003 keV，这与标准数据库中的数据完全一致。这说明利用双源的定标可确保 SDD 能量刻度的可靠性。

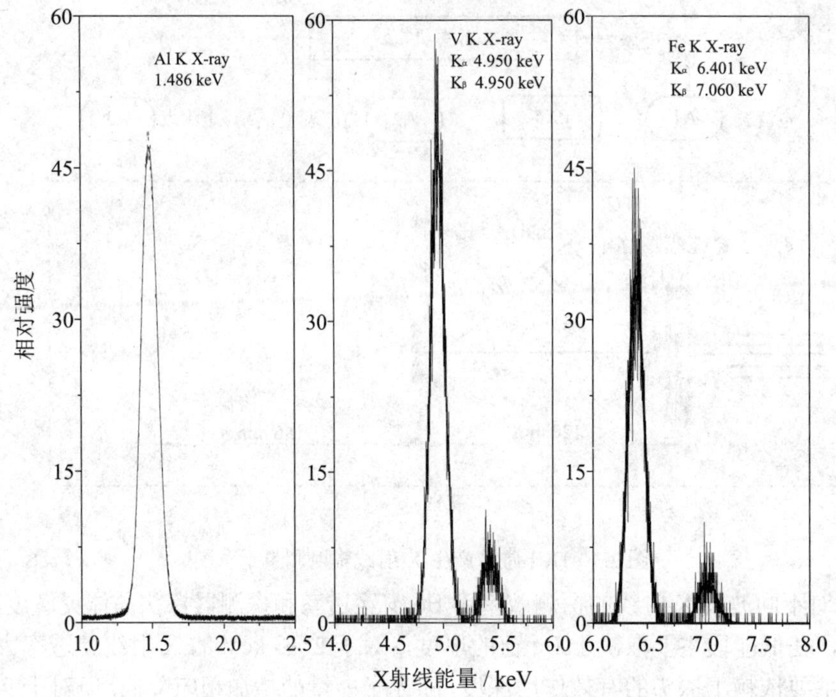

图 2.5 SDD 刻度的质子测试结果

2.1.3 入射离子的计数

HCI 与固体相互作用会引起表面的电子发射，包括势能电子发射和动能电子发射，总的发射产额受到入射离子电荷态、动能和靶材性质等参数的影响。所以，直接测量靶电流不能直接得到准确的入射离子个数，需要考虑电子发射的修正。而不同参数的入射离子作用于不同的靶材时，发射电子的产额各不相同，对此修正系数的确定，目前为止，没有完整的数据库可用，这不仅需要大量的前期准备工作，而且要进行资料查找或再次实验测量，因此也必将导致计数统计误差的增大。

本实验为避免二次电子发射的影响，减小测量误差，实现入射离子计数的快速准确统计，联合使用了一个穿透式法拉第筒(TFC)和一个常规法拉第筒(FC)对入射离子的计数进行了间接测量，并通过靶电流的实时观测来检测束流的稳定性。如图 2.3 所示，分别用三个电流表测量 TFC、FC 和靶上的电流，电流表与计算机通过 USB 接口连接，并用 Labview 小程序进行控制和可视化读数，直接给出实时电流、平均电流和总电量等信息。

每次测量 X 射线辐射前，先将靶从束流线上移走，并录入 TFC 和 FC 上的积分电量 Q_{1_0}、Q_{3_0}，确定出引入到靶室和穿过 TFC(测量时入射到靶上的离子数)的入射离子个数比例：$R=N_{1_0}/N_{3_0}=Q_{1_0}/Q_{3_0}$ (N_{1_0} 为入射到靶室内的入射离子个数，N_{3_0} 为穿过 TFC 的入射离子个数)。实验时，同时检测 TFC 和靶上的电流，并记录两者的电流计数 I_1、I_2 和最终积分电量 Q_1、Q_2 等信息，由于二次电子发射影响，Q_2 不能真实地反映入射离子的计数，而同时测量的实时电流 I_2 也只是用来检测束流的稳定性。在保证入射束流稳定的情况下，入射到靶面的实际离子个数 $N_{\rm p}$ 可以表示为

$$N_p = \frac{N_1}{R} = \frac{Q_1}{q \times e \times R} \tag{2.2}$$

式中：N_1 为 TFC 上的计数；q 为入射离子电荷态；$e = 1.62 \times 10^{-19}$ C 为元电荷量。实验所用 TFC 的有效探测区域直径为 5 mm，开孔直径为 3 mm，理想的穿透比例 R 约为 2.8。由于束流密度的不均匀性，实验测得的比例约为 1.7～3.4。

2.2　X 射线发射截面的实验测量

2.2.1　产额测量方法

X 射线单离子产额(Y)定义为 HCI 与靶材作用过程中一个入射离子产生某条 X 射线的个数，假设实验 X 射线辐射是各向同性的，则 Y 可以表示为

$$Y = \frac{N_X}{N_p} = \left[\frac{C_X}{\eta(\Omega/4\pi)}\right] \Big/ N_p \tag{2.3}$$

式中：N_X 为 X 射线计数；N_p 为入射离子个数，由式(2.2)确定；C_X 为 SDD 所探测到的 X 射线计数，通过对实验谱线进行 Gauss 拟合得到；η 为 SDD 对目标 X 射线的探测效率，由图 2.4 给出；Ω 是探测器的立体角。

HCI 碰撞产生 X 射线的发射在 4π 方向上均有分布，而实验上测量受到探测器和靶材的限制，只能固定在一定的立体角内，所以，对于产生 X 射线总的计数统计需要考虑其辐射的角分布。根据 Kumar 等人的实验研究发现，与光子的激发不同，HCI 碰撞产生靶原子 K、L 各支壳层 X 射线辐射是各向同性的[145-147]。总的 X 射线计数可以由观测立体角内的计数得到，即 $N_X = C_X/(\Omega/4\pi)$，本书所涉及的 X 射线产额均由式(2.3)计算得到。

2.2.2　截面计算方法

根据截面的定义，对于薄靶来说，X 射线的发射截面可以理解为：一个 HCI 入射到单位面积内含有一个靶原子的靶材上所产生相应 X 射线辐射的概率，或一个 HCI 同单位面积靶材上一个靶原子发生相互作用产生 X 射线辐射的概率，简单表述为：$\sigma_X = (N_X/N_p)/N_s = Y/N_s$($N_s$ 为单位面积内的靶原子数密度)。

本实验选用 Al、Si、V、Fe、Nd、Cd、In 等靶材的纯度约为 99.99%，表面积为$(15\times20)\text{mm}^2$，厚度为 0.5～1 mm。实验离子在固体靶材中的穿透深度一般为 μm 量级，远小于靶的厚度。例如，250 keV 质子、3 MeV Ar^{11+}离子在 Si 靶中的入射深度约为 2.4 μm、2.15 μm；6 MeV Xe^{20+}离子在 V、Fe 中的深度约为 0.91 μm、1.14 μm。所以，实验用靶可认为是厚靶，X 射线的实验产生截面 σ_X 可以利用下面的厚靶公式计算[200]：

$$\sigma_X = \frac{1}{n}\frac{\mathrm{d}Y}{\mathrm{d}E}\frac{\mathrm{d}E}{\mathrm{d}R} + \frac{\mu}{n}\frac{\cos\theta}{\cos\varphi}Y \tag{2.4}$$

式中：n 为靶原子数密度(atom/cm^3)；$\mathrm{d}Y/\mathrm{d}E$ 是 X 射线产额随入射离子能量变化曲线的斜率(1/ keV)；$\mathrm{d}E/\mathrm{d}R$ 是入射离子的能损，由 SRIM 程序计算得到[201]；μ 是目标 X 射线在靶材

中的衰减常数(1/cm)[202]；θ 是束流方向与靶面法线之间的夹角；φ 是探测器探测方向与束流线的夹角。根据上述参数的量纲，截面单位表示为 cm^2，也可用靶恩表示，1barn(靶恩) = 1×10^{-24} cm^2。

为减小数据处理过程中的误差，对于入射能量为 E 时产额 $Y(E)$对能量 E 的导数(dY/dE)的取值，并不是简单地对 $Y(E)$进行多项式拟合并求导取得，而是先对产额和能量做了对数变换处理，以 ln$E$ 为横坐标，以 ln$Y(E)$为纵坐标，给出 ln$Y(E)$和 ln$E$ 之间的函数关系。利用多项式 $\ln Y = A(\ln E - B)C$(A、B、C 为拟合常数)拟合 ln$Y(E)$，先给出导数 d(ln$Y$)/d(ln$E$)，然后通过换算得到 dY/dE：

$$\frac{\mathrm{d}Y}{\mathrm{d}E}=\frac{Y}{E}\frac{\mathrm{d}(\ln Y)}{\mathrm{d}(\ln E)} \tag{2.5}$$

dE/dR 由两部分组成：电子能损和核能损。本实验能区内，离子的电子能损占主导，比核能损大至少一个量级，实际上引起内壳层电子电离的主要是电子能损，所以计算时所用的能损为电子能损值。

2.2.3　误差分析

本书中 X 射线产额、发射截面的计算误差主要包括以下几个方面：

(1) X 射线计数统计误差。来源于 SDD 的探测效率、背景计数、死时间内漏计数，以及后续处理过程中进行 Gauss 拟合的系统误差，大约为 5%。

(2) 入射离子计数的统计误差，大约为 3%。

(3) 探测立体角引起的误差，实验中靶面上束斑的大小约为 3.1 mm，探测器探头距离中心靶点的距离为 80 mm，由束斑几何外形引起探测距离的变化约为±0.02 mm，$\Omega = S/r^2$(S 为有效探测面积，r 为探头到靶点的距离)，因此探测立体角不确定度约为 2%。

(4) dY/dE 误差。主要产生于 origin7.5 拟合的不确定度，大约为 2%。

(5) 能损计算误差。根据贝特-布洛赫(Bethe-Block)公式，带电离子在介质中的电子能损与其所带电荷数 Z 的平方成正比，HCI 入射到固体时，在电离、俘获等机制的多重作用下，电荷态不断地变化。低速情况下，大约在飞秒时间内达到平衡状态，在估算能损时应该将其考虑在内，而 SIRM 并没有考虑电荷态的效应。采纳 HCI 与物质相互作用研究领域知名专家 Gregory Lapcki、Sam. J. Cipolla 和 Peter Sigmund 等人的建议，该误差大约为 10%。根据误差传递公式 $\delta=\sqrt{\delta_1^2+\delta_2^2+\cdots+\delta_n^2}$，实验中 X 射线产额的误差大约为 6%，发射截面的误差大约为 12%。

2.3　X 射线产生截面的理论计算

HCI 碰撞产生特征 X 射线的辐射来源于相应内壳层空穴的退激，X 射线发射的理论截面可以由内壳层电子的电离截面转化而来，一般表达式为[203]

$$\sigma_{\mathrm{X}}=\sigma_i\times\omega \tag{2.6}$$

式中：σ_i为 i 壳层电子的电离截面；ω 为相应 X 射线的荧光产额。

对于 K 壳层来说，不存在支壳层，空穴退激过程比较简单，X 射线产生截面的估算也较为简便，可表示为

$$\sigma_{KX} = \sigma_{Ki} \times \omega_K = \sigma_{Ki} \times (\omega_{K_\alpha} + \omega_{K_\beta} + \cdots) \tag{2.7}$$

式中：σ_{Ki}为 K 壳层的电离截面；ω_K 为壳层 X 射线总的荧光产额；$\omega_{K_x}(x = \alpha、\beta、\cdots)$为 K 壳层 x 种 X 射线的荧光产额，$\omega_{K_x} = F_x/(F_\alpha + F_\beta + \cdots)$，$F_x$ 为 x 类 X 射线的辐射宽度。

对于 L 壳层，除了初始电离产生的空穴，后来各支壳层之间的通过 CK 跃迁的内转换过程也会产生附加的空穴，影响相应 X 射线的发射概率。比如，L_3 支壳层上的空穴，除了可由直接的电离作用产生外，在后续的退激过程中，还可以通过 L_2 上空穴填充的 L_2-L_3 CK 跃迁过程、L_1 上空穴的直接 L_1-L_3 CK 过程或者 L_1-L_2-L_3 级联内的转换过程产生；L_2 上的空穴，可以通过 L_1-L_2 的内转换过程增加，这将增加相应 X 射线的辐射产额。L 壳层各分支和总的 X 射线的产生截面可由下列公式给出[204]：

$$\sigma_{L_\iota} = [\sigma_{L_1}(f_{13} + f_{12}f_{23}) + \sigma_{L_2}f_{23} + \sigma_{L_3}]\omega_3 F_{3\iota} \tag{2.8}$$

$$\sigma_{L_\alpha} = [\sigma_{L_1}(f_{13} + f_{12}f_{23}) + \sigma_{L_2} f_{23} + \sigma_{L_3}]\omega_3 F_{3\alpha} \tag{2.9}$$

$$\sigma_{L_\beta} = \sigma_{L_1}\omega_1 F_{1\beta} + (f_{12}\,\sigma_{L_1} + \sigma_{L_2})\omega_2 F_{2\beta} + [\sigma_{L_1}(f_{13} + f_{12} f_{23}) + \sigma_{L_2} f_{23} + \sigma_{L_3}]\omega_3 F_{3\beta} \tag{2.10}$$

$$\sigma_{L_\gamma} = \sigma_{L_1}\omega_1 F_{1\gamma} + (f_{12}\,\sigma_{L_1} + \sigma_{L_2})\omega_2 F_{2\gamma} \tag{2.11}$$

$$\sigma_{L_{Tot}} = [\omega_1 + \omega_2 f_{12} + \omega_3(f_{13} + f_{12} f_{23} + f'_{13})]\sigma_{L_1} + (\omega_2 + f_{23}\omega_3)\sigma_{L_2} + \omega_3\sigma_{L_3} \tag{2.12}$$

式中：$\sigma_{L_i}(i = 1，2，3)$为 L 壳层第 i 支壳层的电离截面；f_{ij} 为空穴由 i 支壳层转换到 j 支壳层的内转换率，即 L_i–L_j CK 跃迁概率；ω_i 是 i 支壳层空穴退激 X 射线辐射的总荧光产额；$F_{ix}(x = \alpha、\beta、\gamma、\iota)$为 i 空穴退激辐射 x 类 X 射线的辐射宽度。

由式(2.6)～式(2.12)可以看出，从理论上计算 X 射线的发射截面，首先要估算相应轨道电子的电离截面，然后选择相应的荧光产额等原子参数。

2.3.1　内壳层直接电离的基本理论

在第 1 章已经讨论过，HCI 碰撞产生内壳层电子的电离存在直接库仑电离、电子俘获、准分子激发等多种机制，并对应建立了不同的模型对其进行描述。下面将对本书所涉及的直接电离理论 BEA、PWBA、ECPSSR 等模型做简单的介绍。

1) 经典的两体碰撞模型(BEA)

BEA 是利用经典的方法，将目标电子看成自由电子，把 HCI 碰撞产生靶原子内壳层电子的电离过程看成是入射离子和“自由电子”之间的两体库仑散射过程，被散射电子的截面由作用过程中的能量转移和“自由电子”的速度分布确定，根据氢原子电子速度各向同性的特征，将电离截面简单表述为[148]

$$\sigma_i^{\text{BEA}} = \frac{NZ^2\sigma_0}{U^2}G(V) \tag{2.13}$$

式中：N 为 i 壳层束缚电子数目；Z 为入射离子的核电荷数；σ_0 为常数，约为 6.566×10^{-14} cm^2；$G(V)$是约化速率 V 的函数，其取值如图 2.6 所示；$V = v_0/v_i$，v_0 是入射离子的速度，v_i 是被电离电子的轨道速度。

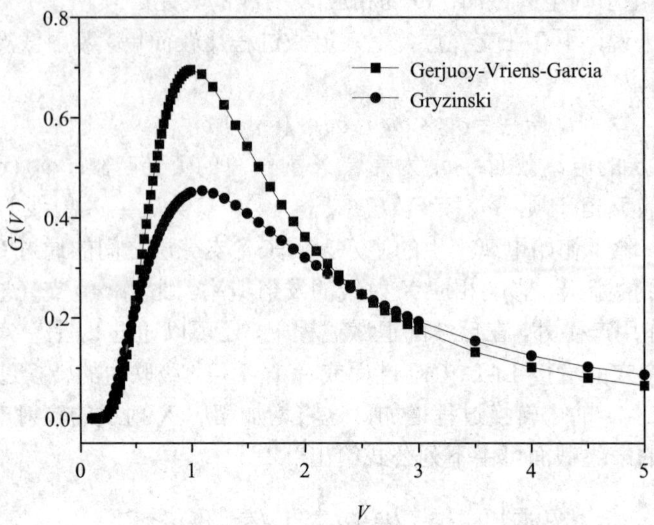

图 2.6　约化速度 $G(V)$函数的取值

一般而言，当 $V< 0.206$ 时，$G(V)$可近似表述为

$$G(V)=\frac{4V^4}{15} \tag{2.14}$$

当 $V > 0.206$ 时，记 $\alpha = 4V^2(1+1/V)$，$G(V)$利用代数的方法可表示为

$$G(V)=\left(\frac{V^2}{1+V^2}\right)^{\frac{3}{2}}V^{-2}\times\left[\frac{V^2}{1+V^2}+2\left(1+\frac{1}{\alpha}\right)\ln(2.7+V)\right]\times\left(1-\frac{1}{\alpha}\right)\times\left[1-\left(\frac{1}{\alpha}\right)^{1+V^2}\right] \tag{2.15}$$

2) 量子的平面波恩近似模型(PWBA)

PWBA 是利用量子散射的方法来处理 HCI 碰撞产生内壳层电离的过程，将入射离子碰撞前后的状态用一级玻恩近似来表述，电离截面表示为散射振幅模方的函数，一般适用于 $Z_1 << Z_2$、$v_1 >> v_2$ 的非对称碰撞体系，在质心坐标系中可以写为[149]

$$\sigma_s^{\mathrm{PWBA}}=\left[8\pi a_0^2\left(\frac{Z_1^2}{Z_{2s}^4}\right)\right]\theta_s^{-1}F_s\left(\frac{\eta_s}{\theta_s^2},\theta_s\right) \tag{2.16}$$

式中：a_0 是玻尔半径；Z_1 是入射离子的原子序数；Z_{2s} 是考虑壳层电子屏蔽靶原子的有效核电荷数，可由 slater 法则求得[205]，$Z_{2s} = Z_2 - \delta$，Z_2 是靶原子的核电荷数，δ 为壳层电子的屏蔽因子；θ_s、η_s 分别为约化电子结合能和入射离子约化能；F_s 为普适约化截面，可表示为

$$F_s\left(\frac{\eta_s}{\theta_s^2},\theta_s\right)=\left(\frac{\eta_s}{\theta_s}\right)\int_{W_{\min}}^{W_{\max}}\mathrm{d}W\int_{Q_{\min}}^{Q_{\max}}\frac{\mathrm{d}Q}{Q^2}\ \left|F_{W,s}(Q)\right|^2 \tag{2.17}$$

$$W_{\min}=\frac{\theta_s}{n^2},\ W_{\max}=M\eta_s \tag{2.18}$$

$$Q_{\min}=M^2\eta_s\left(1-\sqrt{1-\frac{W}{\eta_s M}}\right)^2,\quad Q_{\max}=M^2\eta_s\left(1+\sqrt{1-\frac{W}{\eta_s M}}\right)^2 \tag{2.19}$$

式中：M 为入射离子质量 M_1 和靶原子质量 M_2 的约化质量；n 为目标电子所在轨道的主量子数；$F_{W,s}$ 是被电离电子由初始束缚态到连续末态的跃迁因子，其解析值可利用非微扰非相对论的屏蔽 H^+波函数求解。

3) 修正的平面波恩近似模型(ECPSSR)

ECPSSR 也是量子的处理方法，为扩大适用范围，在 PWBA 的基础上，对靶原子在入射离子影响下所产生的极化效应和轨道电子束缚能的变化进行了定态微扰(Perturbed Stationary State, PPS)处理，考虑了作用过程中靶原子库仑场对入射离子所产生的能量损失(Energy loss, E)、库仑偏转(Coulomb deflection)等影响因素，并对靶原子轨道电子的运动进行了相对论修正。其给出的电离截面可以表示为[150]

$$\sigma^{\text{ECPSSR}}=C_{\text{B}s}^{\text{E}}\left(\mathrm{d}q_{0s}^{\text{B}}\zeta_s\right)\sigma_s^{\text{PWBA}}\left(\frac{m_s^{\text{R}}\left(\dfrac{\xi_s}{\zeta_s}\right)\eta_s}{\left(\xi_s\theta_s\right)^2},\ \xi_s\theta_s\right) \tag{2.20}$$

$$\zeta_s=1+\frac{2Z_1}{Z_{2s}\theta_s}\left[g_s\left(\xi_s\right)-h_s\left(\xi_s\right)\right] \tag{2.21}$$

式中：$C_{\text{B}s}^{E}$ 表示库仑偏转修正；ζ_s 表示对靶原子轨道电子的微扰修正；ξ_s 表示对入射离子能量的修正；g_s、h_s 分别表示由于入射离子的影响引起靶原子轨道电子束缚能的增加和减小。

为处理低速高电荷态离子的碰撞，Lapicki 等人[151]引入了联合原子近似代替 ECPSSR 中 PSS 对靶原子的电子结合能进行修正(ECPSSSR-UA)，并将 ζ_s 替换为 ζ_s^{UA}：

$$\zeta_s^{\text{UA}}=\left(1+\frac{Z_1}{Z_{2s}}\right)^2\frac{\theta_s^{\text{UA}}}{\theta_s} \tag{2.22}$$

对应不同的碰撞能区，对于靶原子束缚能的修正，可以选择使用分立原子(式(2.21))，或者联合原子(式(2.22))的修正，此时的计算也称为 ECUSAR。

为方便 PWBA、ECPSSR 理论的计算，Liu 和 Cipolla 等人[206-209]发展了 ISICS(Inner-Shell Ionization Cross Section program)程序用来计算 HCI 碰撞产生靶原子 K、L、M 及各分支壳层电子的电离截面，并汇入了荧光产额、转换概率等原子参数，用来计算 X 射线发射截面，根据需要，可以方便地进行参数选择。

2.3.2　荧光产额的选取

根据式(2.6)～式(2.12)，对于单电离原子参数的选取，已经有较为完整的实验和理论数据[210-218]。例如，比较常用的 ω、f、a(俄歇跃迁概率)数据主要有 1979 年 Krause 发表于物理化学数据杂志的数据[213, 214]，2003、2009 年 Campbell 整理并发表于原子数据和核数据库的数据[215, 216]；辐射宽度数据主要是 Scofield 利用 Hartree-Fock 方法计算的结果[217, 218]。

对于某一内壳层空穴的退激，$\omega + f + a = 1$，当外壳层产生多电离时，由于电子的缺失，无辐射的俄歇跃迁和 CK 跃迁过程将发生改变，对应的辐射跃迁的概率也会改变。Lapicki 等人[169]给出了多电离荧光产额的表达式：

$$\omega_s = \frac{\omega_s^0}{1 - P\left(1 - \omega_s^0\right)} \tag{2.23}$$

式中：ω_s^0 为单电离的荧光产额；P 为 s 壳层电子的电离率，表示为

$$P = \frac{\int_{T_{\min}}^{T_{\max}} \frac{\mathrm{d}\sigma}{\mathrm{d}T}\mathrm{d}T}{8\pi a_0^2} = \frac{Z_1^2}{4v_1^2}\left[\frac{1}{T_{\min}} - \frac{1}{T_{\max}}\right] \tag{2.24}$$

$$T_{\max} = \frac{1}{2} M_1 v_1^2 \frac{4M_1 m_e}{\left(M_1 + m_e\right)^2} = 2m_e v_1^2 \tag{2.25}$$

$$T_{\min} = \frac{1}{2}\beta m_e v_0^2 \tag{2.26}$$

式中：T 为入射离子与目标电子之间的转移能量；M_1、Z_1、v_1 分别为入射离子的质量、原子序数和速度；v_0 为玻尔速度，β 为常数。由式(2.23)～式(2.26)可以得到与入射离子速度相关的多电离荧光产额，可近似表示为

$$\omega_s = \frac{\omega_s^0}{1 - \frac{Z_1^2}{2\beta v_1^2}\left(1 - \frac{\beta}{4v_1^2}\right)\left(1 - \omega_s^0\right)} \tag{2.27}$$

Tanis 等人[95]给出了 2p、3p 壳层上多电离对 K 壳层荧光产额影响，ω_{K} 可以近似地表示为

$$\omega_{\mathrm{K}} = \omega_{\mathrm{K}}^0 \left[\omega_{\mathrm{K}}^0 + \left(1 + \omega_{\mathrm{K}}^0\right) \frac{\left(1 + \frac{\Gamma_{\mathrm{K\beta}}^0}{\Gamma_{\mathrm{K\alpha}}^0}\right) B}{1 + \frac{\Gamma_{\mathrm{K\beta}}^0}{\Gamma_{\mathrm{K\alpha}}^0} A}\right]^{-1} \tag{2.28}$$

$$A = \frac{n_{3\mathrm{p}}}{n_{2\mathrm{p}}} \tag{2.29}$$

$$B = \frac{6}{n_{2\mathrm{p}}}\left[\frac{\Gamma_{\mathrm{KLL}}^0}{\Gamma_A^0}\left[\frac{n_{2\mathrm{p}} + 2}{8}\right]\left[\frac{n_{2\mathrm{p}} + 1}{7}\right] + \frac{\Gamma_{\mathrm{KLM}}^0}{\Gamma_A^0}\left[\frac{n_{2\mathrm{p}} + 2}{8}\right]\left[\frac{n_{3\mathrm{p}} + 1}{8}\right]\right] \tag{2.30}$$

式中：ω_{K}^0 是 K 壳层单电离荧光产额；$n_{3\mathrm{p}}$ 为 3p 壳层电子数目；Γ_{KLL}^0 为 KLL 俄歇跃迁宽度；Γ_{KLM}^0 为 KLM 俄歇跃迁宽度；$\Gamma_{\mathrm{K\alpha}}^0$、$\Gamma_{\mathrm{K\beta}}^0$ 为单电离 $\mathrm{K_\alpha}$、$\mathrm{K_\beta}$ X 射线的辐射宽度；Γ_A^0 是总的无辐射跃迁宽度。

Bhalla 等人分析了 L 壳层多电离对 K 壳层荧光产额的影响[219]，研究发现，$\omega_{K\alpha}$随 L 壳层空穴的增加而增大，L_1 壳层上存在空穴时，变化更为明显。Kavanagh 等人研究了 M 壳层空穴对 ω_K 的影响[220]，对于不同壳层电子排布的元素存在较大差异，随着 M 空穴的增加，对于 Ar 来说，ω_K 出现明显的增加，当 6 个 M 壳层电子被电离时，荧光产额比单电离值增加了约 100 倍；对于 Cu，影响较小，且出现了减小的趋势。

本书主要涉及 Al、Si 和 Ar 等元素的多电离荧光产额选取，除了式(2.28)的计算以外，Al 的数据取自 Wang 等人利用 Hartree-Fock 方法的计算结果[221]，如表 2.1 所示；Si 的数据来源于 Yurkin 等人的计算结果[222]，详见参考文献[222]的表格 1；Ar 的数据主要是参照 Bhalla 等人的分析结果[223]。

表 2.1　Al 的多电离荧光产额

电子排布	荧光产额	电子排布	荧光产额
$1s^12s^22p^63s^23p^1$	0.043	$1s^12s^22p^6$	0.046
$1s^12s^22p^53s^23p^1$	0.046	$1s^12s^22p^5$	0.049
$1s^12s^12p^63s^23p^1$	0.081	$1s^12s^12p^6$	0.101
$1s^12s^22p^43s^23p^1$	0.048	$1s^12s^22p^4$	0.053
$1s^12s^12p^53s^23p^1$	0.098	$1s^12s^12p^5$	0.110
$1s^12p^63s^23p^1$	0.068	$1s^12p^6$	0.072
$1s^12s^22p^33s^23p^1$	0.052	$1s^12s^22p^3$	0.059
$1s^12s^12p^43s^23p^1$	0.116	$1s^12s^12p^4$	0.137
$1s^12p^53s^23p^1$	0.076	$1s^12p^5$	0.082
$1s^12s^22p^23s^23p^1$	0.060	$1s^12s^22p^2$	0.063
$1s^12s^12p^33s^23p^1$	0.220	$1s^12s^12p^3$	0.226
$1s^12p^43s^23p^1$	0.095	$1s^12p^4$	0.102
$1s^12s^22p^13s^23p^1$	0.051	$1s^12s^22p^1$	0.051
$1s^12s^12p^23s^23p^1$	0.310	$1s^12s^12p^2$	0.346
$1s^12p^33s^23p^1$	0.140	$1s^12p^3$	0.165
$1s^12s^12p^13s^23p^1$	0.350	$1s^12s^12p^1$	0.390
$1s^12p^23s^23p^1$	0.200	$1s^12p^2$	0.249

第 3 章　近玻尔速度 HCI 多电离态的产生

X 射线辐射包含了 HCI 与原子碰撞过程中的重要信息，比如其能量、展宽、相对强度等参数可以定性地给出壳层电子的多电离情况，精细谱的结构能够直接展示出壳层电子排布的清晰物理图像，截面数据可以间接给出内壳层电子的电离概率，反映出相关碰撞的动力学过程。

本章将以速度为 1～1.73 v_{Bohr} (v_{Bohr} 为玻尔速度，$1v_{\mathrm{Bohr}} = 2.19 \times 10^6$ m/s)Ar^{q+}离子作用于不同靶材产生的 X 射线为基础，通过对 X 射线能量、相对强度、发射截面等数据的分析，讨论近玻尔速度的 HCI 与固体碰撞过程中入射离子产生区别于初始电荷态的多电离态问题，研究多电离对入射离子 K 壳层 X 射线辐射的影响。

首先，利用不同能量 Ar^{11+}作用于 V 靶产生 Ar 的 K 壳层 X 射线数据，分析入射离子多电离态的产生过程，碰撞能量参数对多电离度的影响，以及近玻尔速度 HCI 碰撞产生 X 射线辐射截面理论估算相关模型的适用性。其次，选取 1.2 MeV Ar^{q+}($q = 4$，6，8，9，11，22)作为入射离子，研究初始电荷态对入射离子多电离态形成的影响。再次，分析 3 MeV Ar^{11+}离子轰击钒(V)、铁(Fe)、钴(Co)、镍(Ni)、铜(Cu)、锌(Zn)靶的 X 射线发射信息，讨论入射离子产生多电离态随靶原子序数的变化，并分析入射离子和靶原子之间 X 射线辐射的竞争关系。

3.1　入射离子多电离态的产生

3.1.1　Ar^{11+}的电离和中性化过程

图 3.1 给出了 1～3 MeV(能量间隔为 0.5 MeV)高电荷态 Ar^{11+}离子作用于固体 V 靶时产生入射离子的特征 K 壳层 X 射线入射离子计数归一谱，在能量 3.0 keV 和 3.3 keV 附近出现了分辨较好的双峰结构。分析认为，该双峰是 Ar 离子 K 壳层空穴退激的结果，分别为 K_α、K_β X 射线，相关的跃迁如图 3.2(b)所示。对于 Ar 原子，最外壳层为 3p 上有 6 个电子的满壳层结构，K_α X 射线包括 $K_{\alpha1}$、$K_{\alpha2}$ 两条分支线，对应跃迁分别是 K-L_3 和 K-L_2，能量为 2.957 keV 和 2.955 keV，相对强度比约为 2.03∶1，由于 2 eV 的能量差远小于 SDD 的能量分辨率，因此这里不能完全分辨。K_β 包括 $K_{\beta1}$、$K_{\beta2}$ 两条分支线，分别来自 K-M_3、K-M_2 跃迁，能量均为 3.190 keV，相对强度比约为 1.93∶1。

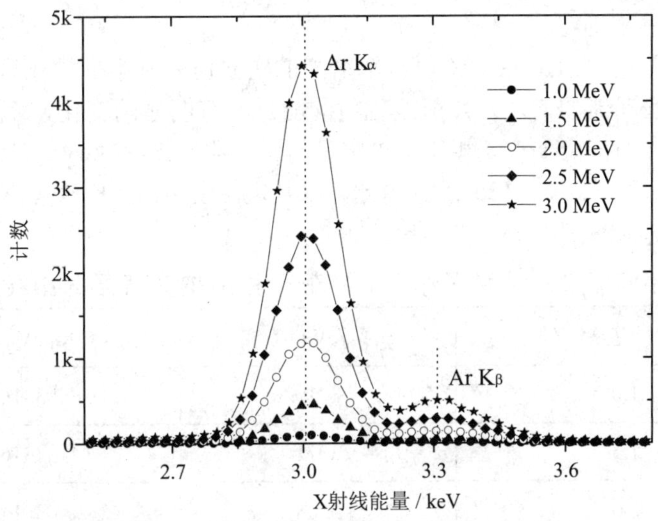

图 3.1　不同能量 Ar^{11+}离子作用于 V 靶产生 Ar 的 K 壳层 X 射线的归一谱

3 MeV Ar^{11+}离子的速度约为 3.79×10^6 m/s，ECR 离子源出口到 1#终端球形靶室中心(束-靶作用位置)的距离约为 12.74 m，其从离子源引出至入射到靶表面的飞行时间约为 3.36×10^{-6} s。该时间远大于 Ar^{11+}离子所有亚稳态的寿命，可以排除，实验观察到的 X 射线来自亚稳态离子退激的结果。如图 3.2(a)所示，Ar^{11+}离子的初始电子排布为：$1s^2 2s^2 2p^3$，K 壳层没有初始空穴，最外层 2p 上为半满的状态。K 壳层 X 射线的出现，说明 Ar^{11+}离子与 V 原子的作用过程中存在 K 壳层电子的电离过程，$K_β$ 的出现，表明其经历了电子俘获的中性化过程。实验 X 射线辐射是电离和俘获的共同作用结果。

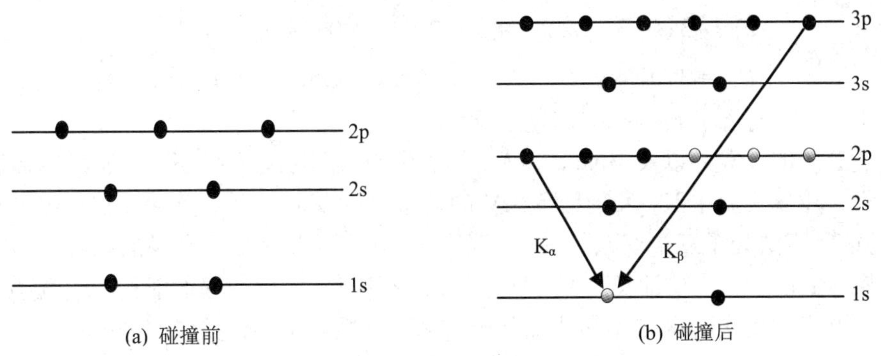

图 3.2　Ar 离子的电子结构

3.1.2　Ar 的 L 壳层多电离态的产生

实验表明，高电荷态重离子与原子的碰撞，可以引起壳层电子的多电离，在此情况下，由于外壳层电子的缺失，原子核的屏蔽效应被减弱，导致剩余电子的结合能发生变化，结果使得 X 射线辐射的能量发生蓝移，向着高能方向发生移动；另外，多空穴的退激，导致卫星线(Satellite line)的出现，其能量大于单电离的原子数据，并导致谱线的展宽。多电离的情况可以用高分辨的晶体谱仪测量谱线的精细结构，或者用中等分辨的 SDD 测量分析相应 X 射线的频移来确定。

表 3.1 列出了 Ar 的 K_α、K_β X 射线辐射能的实验值和标准的原子数据，可以明显看出，随着入射离子动能的增加，X 射线辐射的能量没有明显的变化，K_α、K_β 的平均值约为 3009 ± 3 keV、3316 ± 5 keV，相比于单电离的原子数据(2957 keV、3191 keV)[224]，向着高能方向分别移动了 52 eV、125 eV。由此可以判定，当 Ar 的 K 壳层 X 射线辐射时，外壳层处于多电离的状态。

表 3.1　不同能量 Ar^{11+}离子作用于 V 靶产生 Ar 的 K 壳层 X 射线的辐射能

入射能量/MeV	K_α/eV (±3)	K_β/eV (±5)
1.0	3010	3316
1.5	3011	3316
2.0	3008	3314
2.5	3009	3317
3.0	3007	3316
平均值	3009	3316
原子数据[224]	2957	3191
能量移动值	52	125

根据 Wang 等人[225]的研究，不同电子组态 Ar 离子 X 射线辐射的能量可以表示为

$$E_{K_\alpha} = 3144.3 - 22.2 \times n_L - 4.9 \times n_M + 0.4 \times n_L \times n_M \tag{3.1}$$

$$E_{K_\beta} = 3702.4 - 60.7 \times n_L - 15.9 \times n_M + 1.5 \times n_L \times n_M \tag{3.2}$$

式中：n_L 为 L 壳层电子数；n_M 为 M 壳层电子数。

根据上述公式的计算，以及 Bhalla 等人[223]对不同电子组态下 Ar 的 K_α X 射线辐射能量移动的分析，由本实验中 K_α X 射线 52 eV 的蓝移，可以推断出，当 Ar 的 K 壳层 X 射线发射时，其 2p 壳层处于三个空穴的多电离态，而 M 壳层几乎处于全满的状态，相应的电子布局如图 3.2 所示。需要注意，M 壳层空穴对 K 壳层 X 射线辐射能的影响远小于 L 空穴的效应，并考虑到实验探测器的能量分辨问题，这里对于 M 壳层的电子布局数并不能完全确定。

对于 Ar^{11+}离子，2p 壳层上本来也存在 3 个初始电子，但是我们认为，碰撞的三个空穴并不是初始电荷态保留的结果，而是入射离子退激和直接电离的综合作用机制。这可以通过改变初始电荷态进行简单的验证，相关结果将在 3.2 节中讨论。在 Ar^{11+} − V 的碰撞过程中，M 壳层通过电子俘获被快速填充，并向 L、K 壳层空穴跃迁，实现中性化；与此同时，由于入射离子的能量足够高，在库仑作用下，Ar 的 K 壳层电子被电离，L、M 壳层也存在电离，并处于电离和填充的动态过程中，入射离子在此两种机制的共同作用下，L 壳层形成了区别于初始电荷态的多电离状态。

X 射线分支相对强度比的变化，也是多电离的一个重要结果。对于 K 壳层空穴的填充，主要有辐射跃迁的 X 射线发射和无辐射跃迁的俄歇电子发射两种机制，其总的填充概率可以表示为

$$\omega_K + a_K = 1 \tag{3.3}$$

对于 Ar 来说，有

$$\omega_K = \omega_{K_\alpha} + \omega_{K_\beta} \tag{3.4}$$

当 2p 壳层电子被多电离时，由于 K_α X 射线的发射率直接关系到 2p 电子的数目，K-L 的辐射跃迁概率将减小(ω_{K_α} 减小)；另外，由于 2p 电子的缺失，KLL 俄歇跃迁过程被抑制(a_K 减小)，因此，由式(3.3)和式(3.4)，可以容易得到 K-M 辐射跃迁过程将增强的结论。总的结果使得 K_β X 射线的产额相对增加，而 K_α 的产额相对减小，K_β 与 K_α X 射线的相对强度比($I(K_\beta)/I(K_\alpha)$)增大。图 3.3 给出了 Ar 的 K_β 与 K_α X 射线分支相对强度比，随着入射离子能量的增加，几乎没有变化，平均为 0.166，大约是单电离原子数据(0.067)的 2.5 倍。该数据可以为 Ar 离子 2p 壳层上多空穴状态的结果提供另外一个可靠的证据。

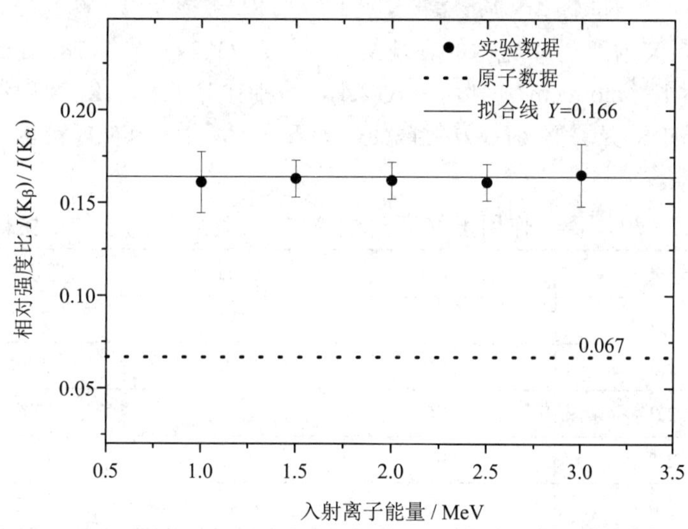

图 3.3　Ar 的 K_β 与 K_α X 射线相对强度比随入射能的变化

3.1.3　Ar 的 K 壳层 X 射线的发射截面

为得到 Ar 的 K 壳层 X 射线发射截面，首先，利用式(2.3)计算了其单离子产额。本实验所用 SDD 的铍窗厚度为 12.5 μm，对 Ar 的 K_α、K_β X 射线的探测效率分别为 0.916 和 0.937[224]。图 3.4 给出了 Ar 的 K_α、K_β 以及总的 X 射线单离子产额随入射能的变化关系，在本实验能区范围内，随着入射离子能量的增加，三者均增大；K_α X 射线的产额约为 1.41×10^{-5}～6.23×10^{-4}，比 K_β 的结果大约大 1 个数量级；在入射能为 1.0、1.5、2.0、2.5、3.0 MeV 时，总的产额分别约为 1.64×10^{-5}、7.51×10^{-5}、1.98×10^{-4}、4.09×10^{-4}、7.27×10^{-4}。

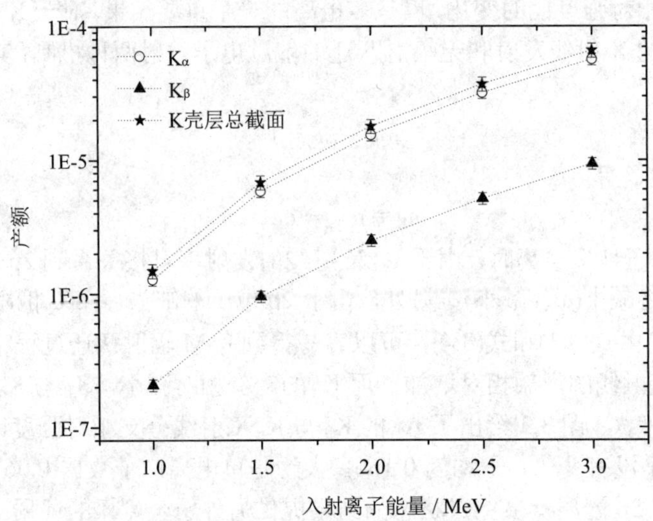

图 3.4　Ar^{11+}离子轰击 V 产生 Ar 的 K 壳层 X 射线产额

Ar 的 K_α、K_β X 射线在 V 靶中的衰减系数分别为 2322 cm^{-1}、1783 cm^{-1}，V 靶的原子数密度为 7.046×10^{22} atom/cm^3。利用公式(2.4)，分别计算了 K_α、K_β X 射线的发射截面，相加后得到了总的 K 壳层 X 射线发射截面，如表 3.2 所示，在实验能区范围内，大约为 2.53～34.56 barn。

表 3.2　Ar^{11+}离子作用于 V 靶产生 Ar 的 K 壳层 X 射线的产生截面

入射能量/MeV	K_α/barn	K_β/barn	总截面/barn
1.0	2.14	0.39	2.53
1.5	4.99	0.80	5.79
2.0	10.86	1.74	12.60
2.5	18.92	3.03	21.95
3.0	29.70	4.87	34.56

为寻找描述近玻尔速度 HCI 碰撞产生内壳层 X 射线的辐射过程的合理理论模型，我们利用式(2.7)和不同的直接电离理论估算了 Ar 的 K 壳层 X 射线发射截面并与实验结果进行了对比。其中，电离截面 σ_K 的计算分别用到了 BEA、PWBA 和 ECPSSR 模型，ω_K 先选取单电离的荧光产额 0.120。

本实验中，Ar^{11+}为入射离子，计算其 K 壳层电子的电离，我们做相对运动处理，将先将其看成是“靶原子”，而将 V 原子看成是“入射离子”。1.0、1.5、2.0、2.5、3.0 MeV Ar 离子的速度分别为 2.187×10^6 m/s、2.187×10^6 m/s、2.187×10^6 m/s、2.187×10^6 m/s、2.187×10^6 m/s，其与 V 靶作用，相当于 1.275 MeV、1.913 MeV、2.550 MeV、3.168 MeV、3.825 MeV 的 V 原子碰撞 Ar 离子。

图 3.5 展示了实验截面与不同理论计算的对比，可以明显看出，PWBA 计算与实验结果在量级上相当，但是随着入射能的增大，其增加比实验快。在能量为 1.5 MeV 时，与实验截面基本一致；但是，在低于 1.5 MeV 时，小于实验结果，而在大于 2.0 MeV 的范围内，

又大于实验值。ECPSSR 虽然对于轻离子入射的情况估算较为准确，但是，此处比实验值低了大约 6 个量级。相比之下，BEA 的计算与实验符合最好，但是也存在一些小的差异，其整体略高于实验结果，增加趋势较实验略缓，但是之间的差值，随入射能的增大，逐渐减小。

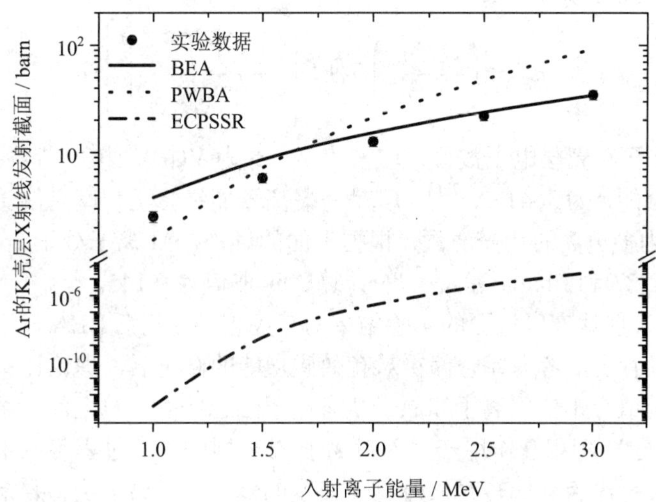

图 3.5　Ar^{11+}离子轰击 V 产生 Ar 的 K 壳层 X 射线实验截面与使用单电离荧光产额的不同理论计算值

从直接电离的公式(式(2.13))可以看出，内壳层的电离截面与目标电子的结合能成反比。对于离子，由于其部分壳层电子的缺失，使得原子核的屏蔽效应减弱，剩余电子的结合能会增大，某一壳层电子的电离比原子状态时更为困难，截面更小。根据 3.2 节的讨论，1～3 MeV 的 Ar^{11+}离子在与 V 靶作用的过程中，同时经历了电子俘获和内壳层电离的过程，K 壳层电离时，外壳层可能处于多电离的状态。Ar^{q+}离子的 K 壳层电子的电离能与 Ar 原子 K 电子电离能是不同的，这在进行理论计算时，需要考虑相关的修正。

对于低速 HCI 碰撞过程，原子核之间的相互作用不能忽略，受到靶原子库仑偏转的作用，入射离子被减速，有效的碰撞能将减小，运动轨迹也将发生改变[227]。考虑库仑偏转(Coulomb Rejection，CR)的两体碰撞近似对电离截面的估算可以修正为[227]

$$\sigma_i\left(E_{\mathrm{p}}\right)=\sigma_i\left(E_{\mathrm{p0}}\right)\left[\frac{1}{2}+\frac{1}{2}\sqrt{\frac{E_{\mathrm{p}}}{E_{\mathrm{p0}}}}\right]^2 \tag{3.5}$$

式中：$E_{\mathrm{p}}=E_{\mathrm{p0}}-Z_1(E_{\mathrm{e}}+U)$，为入射离子的有效碰撞能，$E_{\mathrm{p0}}$为入射离子的初始动能，$E_{\mathrm{e}}$和 U 分别为目标电子的动能和结合能。

另外，在多电离的情况下，由于外壳层电子的缺失，内壳层空穴退激的部分无辐射跃迁的概率会减小，例如，L 壳层的多电离，将抑制 KLL 俄歇过程的发生，相应的，辐射跃迁通道增加，X 射线辐射的荧光产额会发生改变，这在估算 X 射线发射截面时应该考虑在内。Bhalla 等人[223]从理论上计算了 Ar 的 K 壳层荧光产额随 2p 上电子多电离度的变化，随着 2p 空穴数的增加出现先增大、后减小的趋势，大约在出现 4 个空穴时，荧光产额达到最大值，之后逐渐减小；在整个变化过程中，其值一直大于单电离的数据。对于 3p 壳层上的空穴数大于半满状态时的数值，以及 2p 上电子全部剥离时，荧光产额的数值大约等于 2 个 2p 空穴时的结果。

经考虑库仑偏转、离子能级修正以及多电离荧光产额影响后，Ar 的 K 壳层 X 射线产生截面利用两体碰撞近似可以表示为

$$\sigma_x = \left\{\left(\frac{NZ_1^2\sigma_0}{U'^2}\right)G(V')\left[\left(\frac{1}{2}+\frac{1}{2}\sqrt{\frac{E_p}{E_{p0}}}\right)^2\right]\right\}\omega' \tag{3.6}$$

式中：N 为 Ar 离子 K 壳层电子数目，取值为 2；Z_1 为 V(钒)的核电荷数；U' 是 Ar^{11+}离子 K 壳层电子的结合能，为 3641 eV[226]；V' 是考虑离子能级修正和库仑偏转对入射能修正后的约化速率；ω' 为多电离的荧光产额，根据上面的讨论，Ar 离子处于 2p 上三个空穴的多电离态，根据式(2.27)和 Bhalla 等人[223]的计算，ω' 取值为 0.145。

Ar 的 K 壳层 X 射线产生截面的实验结果与考虑相关修正后 BEA 理论计算值的比较由图 3.6 给出，可以看出，考虑库仑偏转对有效碰撞能的修正后，理论计算与实验结果的趋势基本一致；实验值介于使用离子和原子状态电子结合能的计算之间。结果表明，近玻尔速度的 Ar^{11+}离子与 V 靶相互作用产生入射离子 K 壳层的电离过程可以用两体碰撞近似模型来处理，但是要考虑库仑偏转对入射离子速度的修正，和离子状态剩余电子结合能的改变；在估算 X 射线发射截面时，还要考虑多电离引起荧光产额的变化。

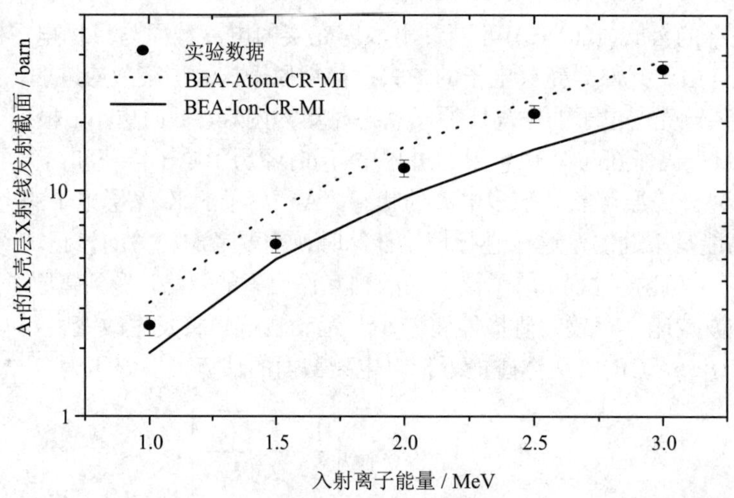

注：Atom 为电离能使用原子数据；Ion 为电离能使用离子数据；CR 表示库仑偏转修正；MI 表示多电离对荧光产额的修正。

图 3.6　Ar^{11+}离子轰击 V 产生 Ar 的 K 壳层 X 射线的实验截面与多电离荧光产额修正 BEA 计算值

3.2　初始电荷态对入射离子多电离态的影响

HCI 碰撞产生多电离的电离度与单电离的电离截面是正相关的关系[228]。入射离子初

始的电荷态首先决定了剩余壳层电子的数目，另外，一方面影响了剩余轨道电子的结合能，进而决定了相应的电离截面；另一方面，决定了自身携带的势能，影响了电子俘获的概率。一般认为，入射离子的电荷态越高，剩余电子的束缚能越大，电离概率就会越小，而电子俘获的截面就会越大。近玻尔速度的 HCI 与固体相互作用，入射离子同时受到电离和俘获的双重作用机制，不同的初始电荷态，可能会对多电离态的形成产生一定的影响。

3.2.1　Ar^{q+}的 K 壳层 X 射线辐射能的移动

图 3.7 给出了速度为 1.1 v_{Bohr} 不同电荷态 Ar^{q+}($q = 4$，6，8，9，11，12)离子与 V 靶相互作用产生 Ar 的特征 X 射线谱，并利用 origin 7.5 对其进行了多峰拟合，两个分辨较好的峰分别为 Ar 的 K_α、K_β X 射线。随着电荷态的增加，谱线的形状基本没有变化。实验所用 Ar^{q+}离子的核外电子排布如表 3.3 所示，均不存在 K 壳层空穴，对于 3p 壳层上的电子，除了 4+离子在 M_2 上有两个电子外，其余离子均为空。K 壳层 X 射线的发射说明，除了电子俘获的中性化作用外，Ar^{q+}离子在碰撞过程中产生了电离。

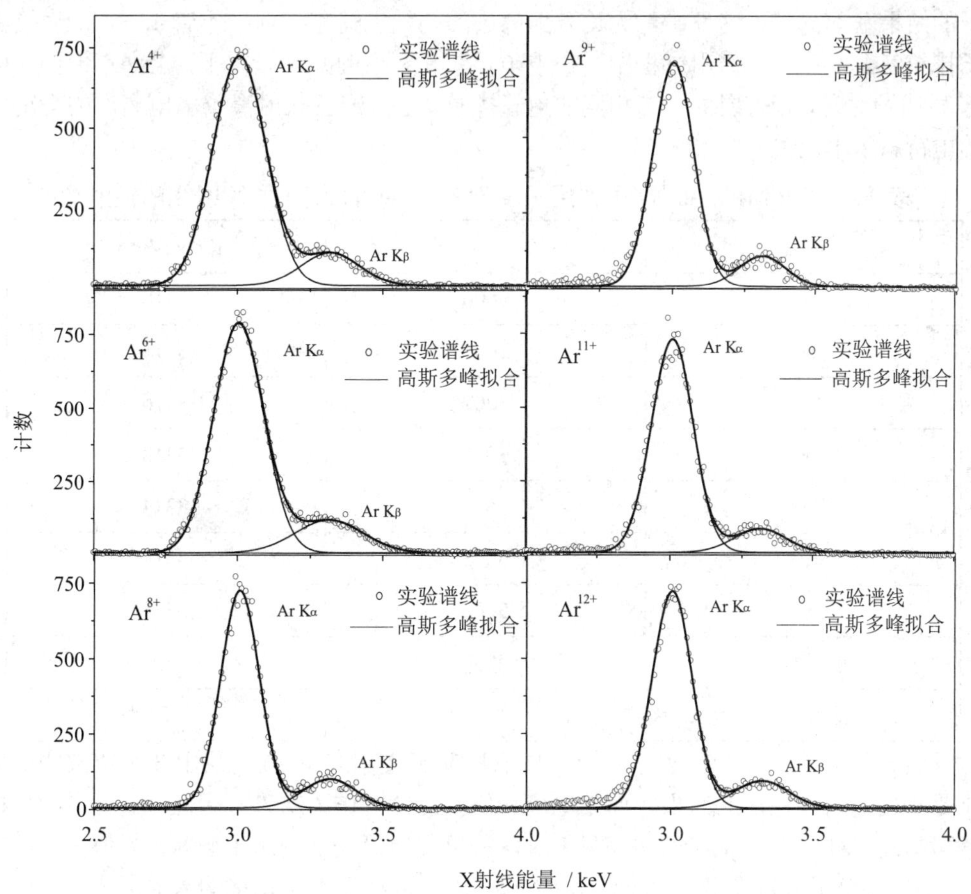

图 3.7　1.2 MeV Ar^{q+}离子轰击 V 产生 Ar 的 K 壳层 X 射线谱

表 3.3　Ar^{q+}离子的壳层电子结构

电荷态	电子排布
4+	$1s^2\,2s^2\,2p^6\,3s^2\,3p^2$
6+	$1s^2\,2s^2\,2p^6\,3s^2$
8+	$1s^2\,2s^2\,2p^6$
9+	$1s^2\,2s^2\,2p^5$
11+	$1s^2\,2s^2\,2p^3$
12+	$1s^2\,2s^2\,2p^2$

不同电荷态 Ar^{q+}离子产生的 $K_α$、$K_β$ X 射线的辐射能如表 3.4 所示，并在图 3.8 中同时给出，可以明显看出，随着电荷态的增加，在实验误差范围内，实验值基本没有变化。$K_α$ X 射线能量的平均值约为 3005 ± 5 eV，$K_β$ 的值约为 3315 ± 5 eV，相比于单电离的原子数据，两者分别向着高能方向发生了约为 56 ± 5 eV、126 ± 5 eV 的蓝移，与 3.1 节中不同能量 Ar^{11+}离子的结果基本一样。这说明，无论入射离子的初始电荷态如何，不管 L 和 M 壳层上的电子排布怎么变化，在作用过程中，在电子俘获和电离的共同作用下，当 Ar 离子的 K 壳层 X 射线发射时，L 壳层处于都相同的电子排布状态，产生入射离子多电离态的电离度与初始电荷态基本无关。

表 3.4　1.2 MeV Ar^{q+}离子作用于 V 靶产生 Ar 的 K 壳层 X 射线的辐射能

电荷态	$K_α$/ keV(±5)	$K_β$/ keV(±5)
4+	3006	3318
6+	3003	3315
8+	3007	3316
9+	3001	3312
11+	3008	3314
12+	3005	3318
平均值	3005	3315
原子数据	2957	3191
能量移动	56	124

该结果还说明，近玻尔速度的 Ar^{11+}离子与 V 靶作用产生 2p 壳层上 3 个空穴的电离态并不是初始电荷态保留的结果，而是电离和俘获的共同作用结果，因此 3.1 节中的分析结论是可靠的。对于 Ar^{11+}离子来说，只不过两种机制恰好处于动态平衡状态，使得作用前后的 2p 壳层上电子数目没有发生变化。对于 2p 壳层上小于半满状态的入射离子，碰撞过程中的俘获机制大于电离作用，使得作用后 L 上的电子数目增加。而对于 L 壳层上大于 3 个电子的初始离子，作用过程中的电离作用要大于俘获过程，综合结果使得 2p 上的电子数目减小。

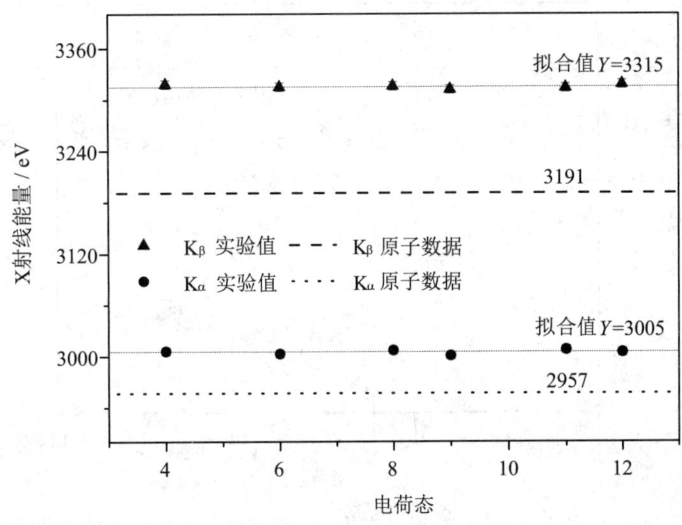

图 3.8　Ar 的 K 壳层 X 射线辐射能随初始电荷态的变化

3.2.2　K_β 与 K_α 相对强度比的变化

为进一步确认多电离的结果，实验又分析了 K_β 与 K_α X 射线的相对强度比随 Ar 离子初始电荷态的变化关系，如图 3.9 所示。由图可知，实验比值远大于单电离的原子数据，这说明，相比于 K_α X 射线的辐射，K_β X 射线辐射出现了增强，作用过程中 Ar 离子的确产生了多电离态。

从图 3.9 还可以看出，与 K_α、K_β X 射线辐射能的实验结果不同，随着 Ar 离子初始电荷态的增加，K 壳层 X 射线的分支相对强度比呈现出微弱的减小趋势，电荷态为 4+时比值最大，为 0.18 ± 0.02 大约是 12+时(0.16 ± 0.02)的 1.07 倍。我们可以这样来理解，在 Ar^{q+} 离子与 V 原子的作用过程中，电子俘获主要发生在 M 壳层上，通过能级匹配的边填充(Side feeding)机制，M 空穴被快速填满，对于 L 空穴的退激主要是由 M-L 跃迁实现的。随着 Ar^{q+}离子初始电荷态的增加，M 壳层电子俘获和直接电离的动态平衡效果基本没有区别，但是随着 L 壳层电子数目减少，2p 空穴数相应增加，对应 M-L 跃迁过程增强，使得 M 壳层的电子数目减少。

对于 K 壳层 X 射线的辐射能，L 壳层的多电离效果远大于 M 壳层的作用，M 壳层多电离的频移量远远小于探测器的分辨率，所以在目前的实验条件下，没有观察到 Ar 的 K 壳层 X 射线辐射能随初始电荷态的变化。但是 M 壳层的电子数目直接关系到 M-K 辐射跃迁的 K_β X 射线的发射率，随着 M 壳层电子数量的减小，K_β X 射线的单离子产额自然降低，所以出现了实验上所观察到的 K_β 与 K_α X 射线的相对强度比随 Ar 离子电荷态的增加呈现出轻度的减小趋势。

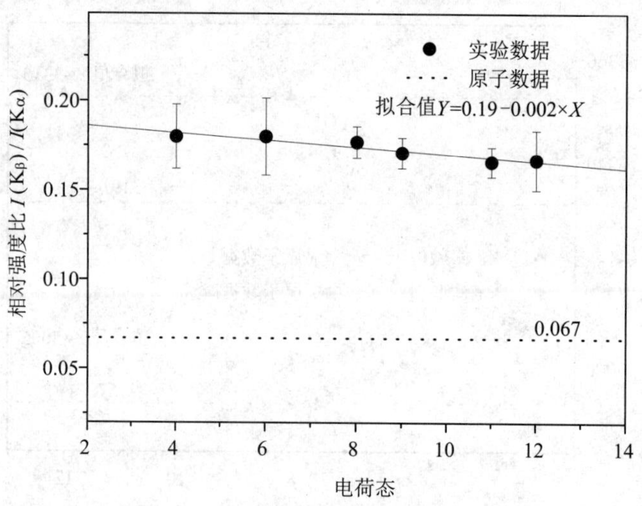

图 3.9　Ar 的 K 壳层 X 射线分支相对强度比随初始电荷态的变化

3.3　靶原子序数对入射离子多电离态的影响

同一参数的高电荷态重离子作用于不同的靶材上，对于入射离子内壳层电子的电离，其相对的有效碰撞能是不同的，引起的电离截面存在一定差异。HCI 碰撞产生 X 射线辐射在入射离子和原子之间存在竞争机制，对于不同的弹-靶组合，入射离子 X 射线辐射的发射截面也会有所不同；不同靶原子的电子束缚能不同，同一入射离子由能级匹配俘获电子的中性化过程也会不同。所以，靶材的选择会对入射离子多电离态的产生造成一定的影响。

3.3.1　X 射线辐射的频移和分支强度比的变化

图 3.10 给出了 3 MeV Ar^{11+}离子与 V、Fe、Co、Ni、Cu、Zn 等不同靶材作用过程中产生特征 X 射线的入射离子个数归一谱。本实验中所用 SDD 探测器的铍窗厚度为 12.5 μm，增益设为 100，在观察能区内同时探测到了入射离子和靶的特征 X 射线。能量在 1 keV 附近的谱线为靶原子的 L 壳层 X 射线，V、Fe、Co、Ni、Cu、Zn 原子核外电子的排布分别为：$[Ar]3d^3 4s^2$、$[Ar]3d^6 4s^2$、$[Ar]3d^7 4s^2$、$[Ar]3d^8 4s^2$、$[Ar]3d^{10} 4s^1$、$[Ar]3d^{10} 4s^2$；L 壳层 X 射线包括：$L_{\alpha 1,2}$、$L_{\beta 1}$、$L_{\beta 3,4}$、$L_{\beta 6}$、L_{η}、L_{ι}，分别对应跃迁为：$M_{4,5}$-L_3、M_4-L_2、$M_{2,3}$-L_1、N_1-L_3、M_1-L_1、M_1-L_3；各靶 L 壳层 X 射线平均能量分别为：0.511 keV、0.704 keV、0.776 keV、0.851 keV、0.929 keV、1.012 keV [224]，V 靶的 L 壳层 X 射线在 SDD 的有效探测范围之外，所以未观察到。能量在 3.0 keV、3.3 keV 附近分辨较好的两个峰分别为入射离子 Ar 的 K_{α}、K_{β} X 射线。另外，由于受到 SDD 效率的限制，Ar 的 L 壳层 X 射线(能量约为 0.3 keV)，未被记录到；靶原子的 K 壳层 X 射线截面非常小，也未被探测到。

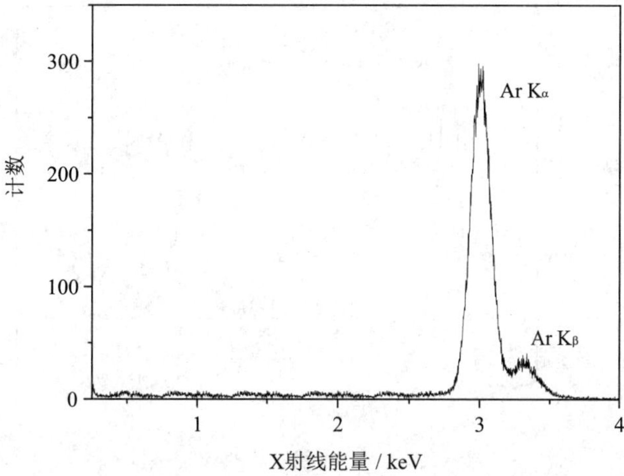

(a) Ar^{11+}离子作用于 V 靶

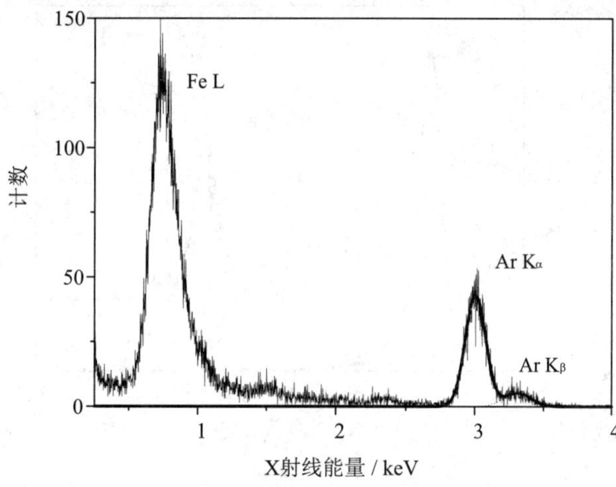

(b) Ar^{11+}离子作用于 Fe 靶

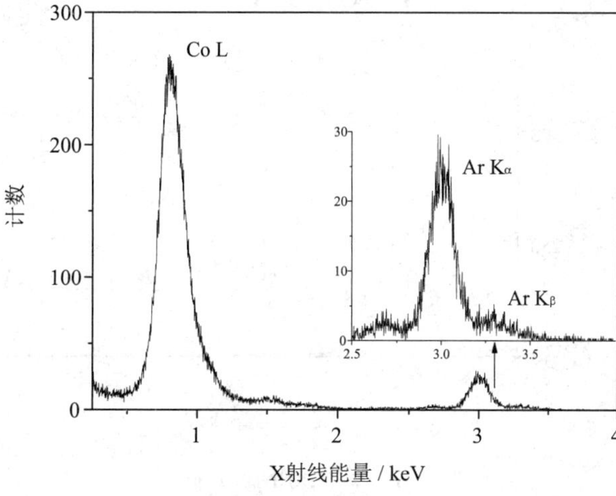

(c) Ar^{11+}离子作用于 Co 靶

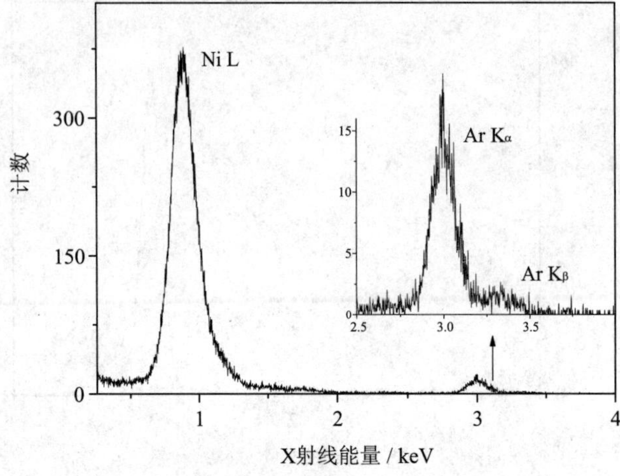

(d) Ar^{11+}离子作用于 Ni 靶

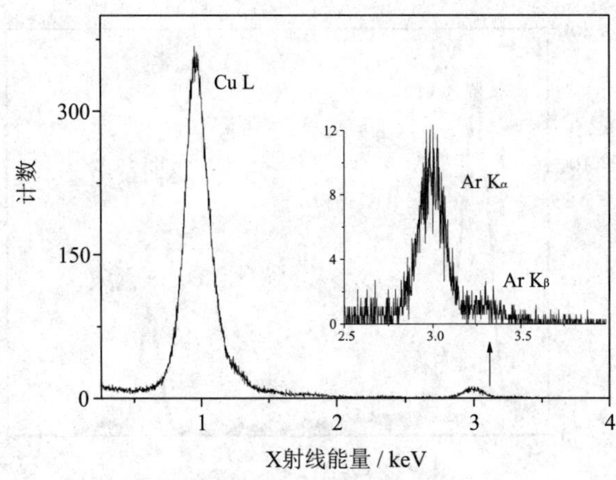

(e) Ar^{11+}离子作用于 Cu 靶

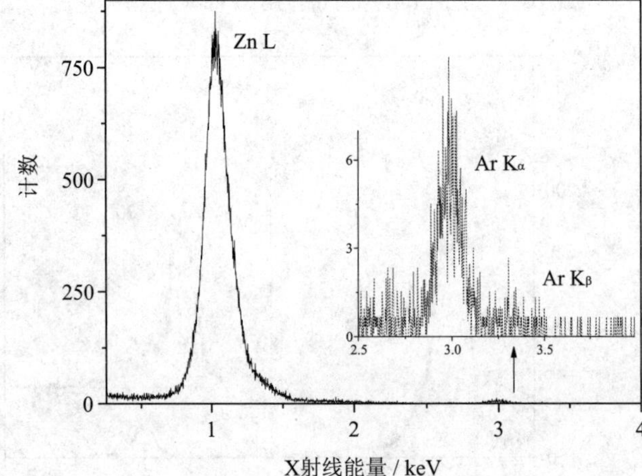

(f) Ar^{11+}离子作用于 Zn 靶

图 3.10　3 MeV Ar^{11+}离子轰击不同靶材产生 Ar 的 K 壳层 X 射线谱

图 3.11 给出了 3 MeV Ar^{11+}离子作用于不同靶材上产生 Ar 的 K 壳层 X 射线辐射能随靶原子序数的变化关系，K_α、K_β X 射线的能量均大于单电离的原子数据，并且随着靶原子序数的增大而减小。在 Z_2(靶原子序数)从 22 增加到 30 的过程中，Ar 的 K_α X 射线能量由 3.007 keV 减小到 2.987 keV，K_β 由 3.316 keV 减小为 3.278 keV。这说明 Ar 离子在与不同靶材的碰撞过程中产生了 K 壳层的电离，并形成了 L、M 壳层的多电离态，其多电离度随靶原子序数的增加而减小，导致辐射 K 壳层 X 射线发生了蓝移，并且蓝移量逐渐减小。

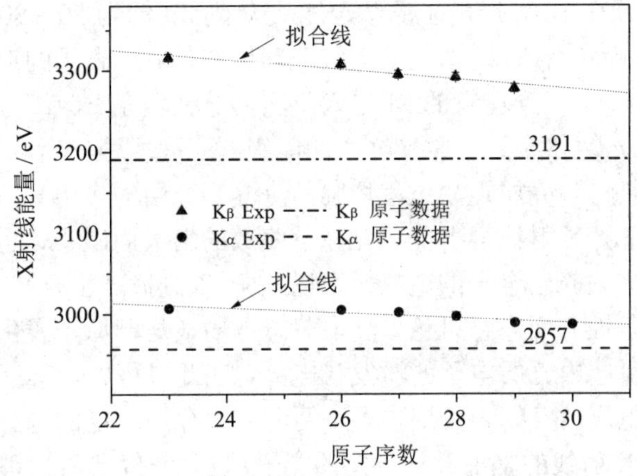

图 3.11　Ar 的 K 壳层 X 射线辐射能随靶原子序数的变化

为进一步确认上述结果，实验同时给出了 Ar 的 K_β 与 K_α X 射线相对强度比随靶原子序数的变化关系，如图 3.12 所示。在不同的靶材上，$I(K_\beta)/I(K_\alpha)$均大于原子数据 0.067，并且随靶原子序数的增加而减小。例如，$Z_2 = 22$ 时，比值为 0.167，$Z_2 = 30$ 时，比值减小为 0.141。该结果与图 3.12 展示结果基本一致。这说明，与不同的靶材作用时，Ar 离子产生了多电离态，且该多电离的多电离度随靶原子序数的增加而减小。

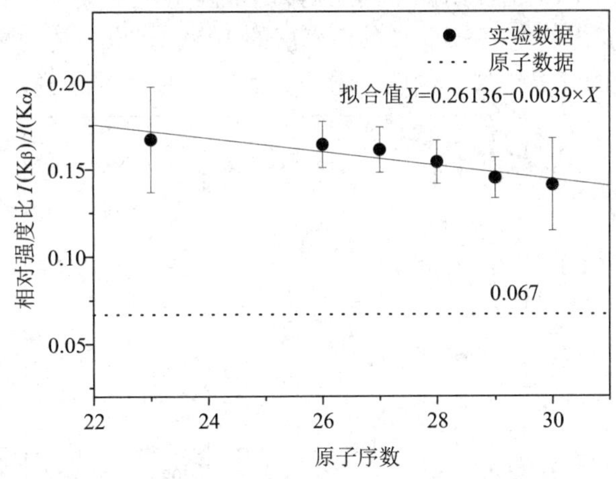

图 3.12　Ar 的 K 壳层 X 射线分支强度比随靶原子序数的变化

与 3.1.3 节的讨论相同，Ar^{11+}离子轰击靶材产生自身 L 壳层的电离过程，可以看成是不同靶原子作为“入射离子”与 Ar 离子 L 壳层电子的碰撞过程。从理论上分析，根据式(2.13)，在两体碰撞过程中，对于相同能量的入射离子，产生靶原子壳层电子的电离截面与入射离子的核电荷数的平方成正比。在这里，将 Ar^{11+}离子看成“靶原子”，随着靶原子序数的增加，“入射离子”的核电荷数逐渐增加，产生 Ar 离子 L 电子电离的截面也随之增加，电离作用逐渐地强于电子俘获的中性化过程。相应的，Ar 离子形成多电离态的电离度应该逐渐增大，产生 K 壳层 X 射线辐射的蓝移增强，K_β 与 K_α X 射线相对强度比增大。这与我们实验上所观察到的结果是不符的，根据上述讨论，Ar 的 L 壳层多电离态是 M 壳层电子俘获退激和直接库仑电离的共同作用结果，此处的结果可以从这两方面进行理解。

在电子俘获的中性化方面，Ar^{11+} 离子和原子的 M 壳层的电子结合能分别平均约为 100 eV、15 eV，靶原子 M 壳层电子的结合能从 V 到 Zn 约为 50～90 eV，L 壳层电子的结合能约为 530～1040 eV。根据边填充的能级匹配机制，Ar^{11+}离子的退激过程主要是从靶原子的 M 壳层快速俘获电子到自身的 M 空穴，然后退激填充 L、K 空穴。随着靶原子序数的增加，M 壳层电子数据增多，弹-靶之间的能级匹配度增强，所以入射离子 M 壳层空穴的填充率增大，相应向 L 壳层退激过程增强，使得 L 壳层的多电离度减小，导致实验上所观察到的 Ar 的 K 壳层 X 射线辐射能随靶原子序数的增大而减小，分支相对强度比降低。

另一方面，考虑到壳层电子的电离，可以从 HCI 碰撞产生靶与入射离子之间 X 射线辐射的能损耗散竞争性方面进行讨论。高电荷态重离子与靶原子发生碰撞，通过库仑相互作用损失其能量，引起内壳层电子的激发或电离，在此过程中，其能损可激发靶原子的内壳层电子，也可以电离自身的内壳层电子，两者之间存在一定的选择性和竞争性，这导致靶与入射离子之间 X 射线的辐射存在一定的竞争，出现与经典碰撞理论预言不同的实验结果。下面将对这一现象进行介绍。

3.3.2　靶与入射离子之间 X 射线辐射的能损分配

首先，分析一下入射离子 Ar 的各壳层电离与 X 射线辐射的情况。如图 3.13 所示，利用式(2.13)，给出了 3 MeV Ar^{11+}离子与不同靶材作用产生 Ar 的 K、L 壳层电子电离截面随靶原子序数的变化关系。无论使用原子的还是离子的电子结合能，理论截面均随靶原子序数的增加而增大；L 壳层的电离截面约为 K 壳层的 10^4～10^6 倍；使用离子能级 L 壳层的结果比使用原子结合能的计算结果小约两个量级，而对于 K 壳层来说，该差异约为 1.5 倍。

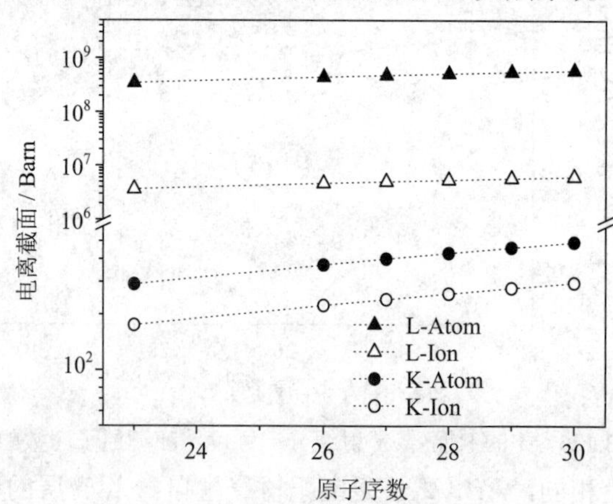

注：-Atom 表示利用原子态的电离能计算；-Ion 表示利用离子态的电离能计算。

图 3.13　3 MeV Ar^{11+}作用于不同靶材产生 K 和 L 壳层的电离截面

根据式(2.4)和式(2.7)，X 射线产额与相应内壳层空穴的电离截面是正相关的关系。图 3.14 给出了 3 MeV Ar^{11+}离子碰撞不同靶材产生 K 壳层 X 射线的单离子产额的实验结果。随靶原子序数的增加，产额是逐渐减小的，这说明 K 壳层的电离截面也是减小的，与图 3.13 的理论计算结果相反。这可理解为，在作用过程中，Ar 离子的能损并不完全用来激发自身的内壳层电子，经典的两体碰撞近似理论计算高估了实际的 X 射线发射产额。

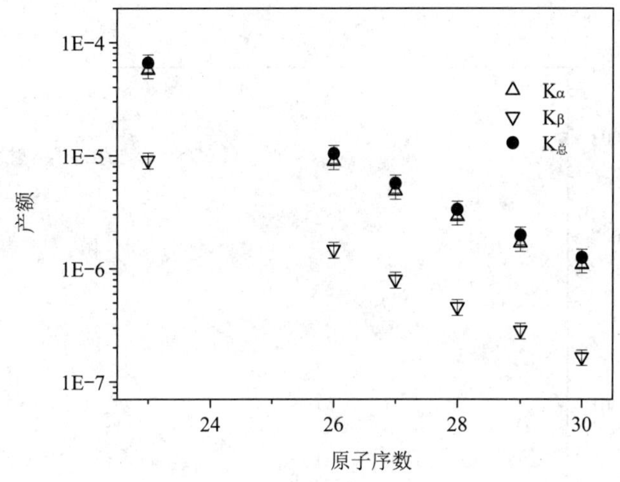

图 3.14　3 MeV Ar^{11+}作用于不同靶材产生 K 壳层 X 射线实验产额

其次，对比一下靶原子的电离与 X 射线辐射的情况。图 3.15 给出了该过程中激发靶原子 L 壳层电离截面的理论结果。可以看出，随着靶原子序数的增加，其值是逐渐减小的。这是显而易见的，因为由式(2.13)可知，电离截面反比于目标电子的结合能，随着 Z_2 的增加，其 L 壳层电子的束缚能增大，电离概率自然下降。例如，V、Fe、Co、Ni、Cu、Zn 原子 L 壳层电子的结合能分别为 530 eV、730 eV、800 eV、875 eV、950 eV、1040 eV[226]，3 MeV Ar^{11+}入射时的理论电离截面从 8.3×10^6 barn 减小到 3.2×10^5 barn。

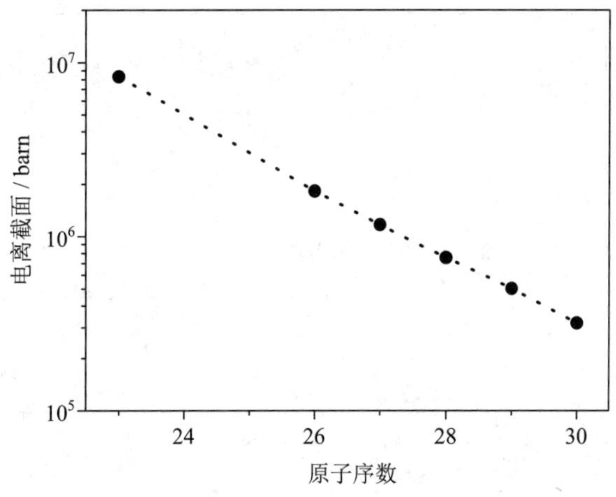

图 3.15　3 MeV Ar^{11+}碰撞产生靶原子 L 壳层电离截面的理论值

图 3.16 给出了 3 MeV Ar^{11+}离子激发靶原子 L 壳层 X 射线实验产额，随着靶原子序数的增加，产额逐渐减小，从 Fe 到 Zn，由 2.28×10^{-3} 减小为 8.32×10^{-4}，与理论计算呈现出相同的趋势。为方便说明问题，我们做一简单的归一处理，认为入射 Fe 靶时的理论计算恰好能够预言实验值。图 3.17 给出了靶原子 L 壳层 X 射线的实验截面与 BEA 理论计算的比较，可以看出，随着靶原子序数的增加，比值逐渐减小，理论计算低估了实际的实验值。

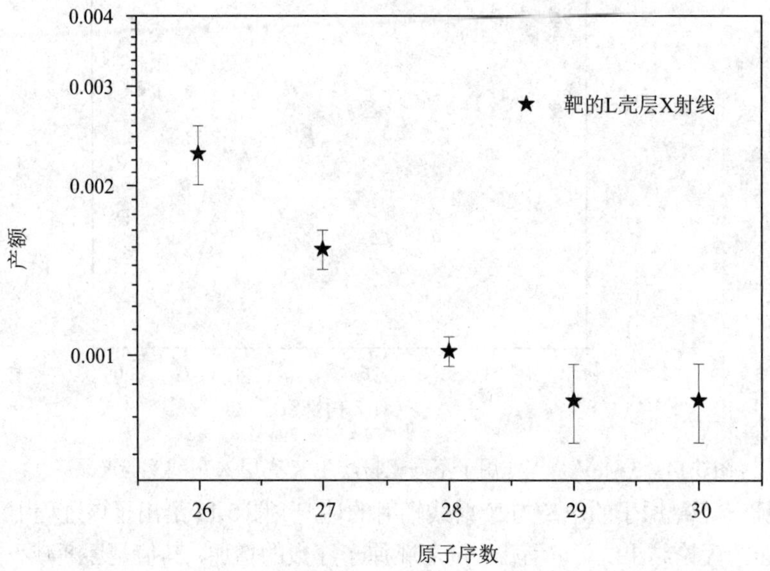

图 3.16　3 MeV Ar^{11+}碰撞产生靶原子 L 壳层 X 射线的实验产额

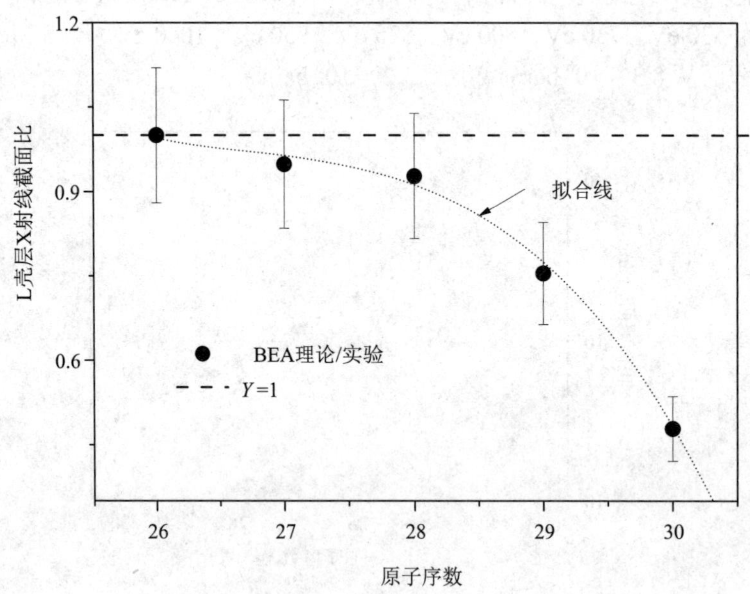

图 3.17　3 MeV Ar^{11+}碰撞产生靶原子 L 壳层 X 射线截面理论计算与实验值的比较

更进一步，实验分析了靶原子与入射离子 X 射线辐射产额之间的比值，如图 3.18 所示，随着靶原子序数的增加，入射离子的 L 壳层 X 射线产额与 Ar 的 K 壳层 X 射线产额的比值逐渐增大，从 Fe 到 Zn，大约增加了 3.5 倍。这说明，在碰撞过程中，激发靶原子的 X 射线辐射更为容易，其辐射强度增加更快。

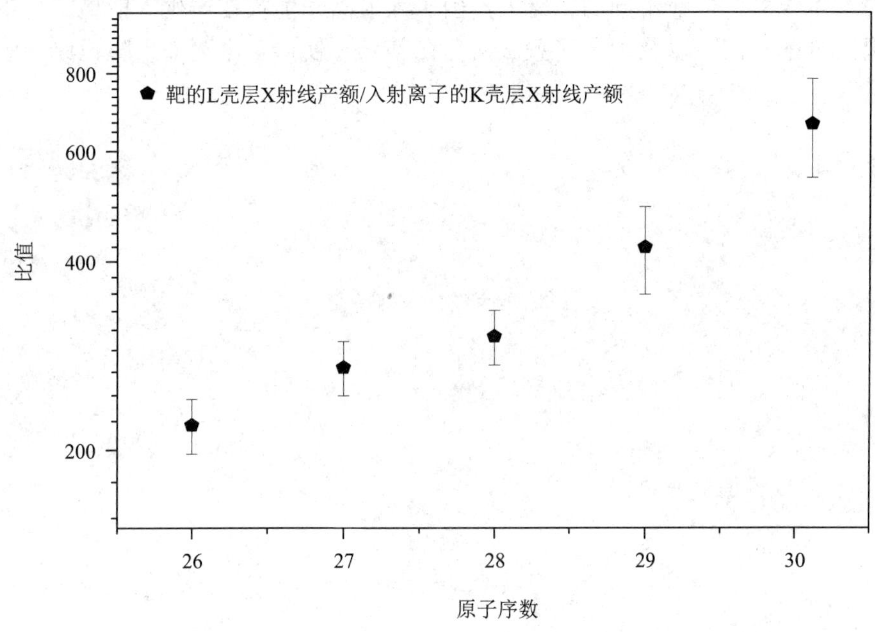

图 3.18　靶与入射离子实验 X 射线产额的比值

综合考虑图 3.13～图 3.18 的结果，分析认为，在 Ar^{11+}离子与实验靶材的作用过程中，Ar 离子与靶原子发生库仑碰撞损失其动能，引起靶原子和自身内壳层电子的电离，但是在两者之间存在选择竞争的关系。随着靶原子序数的增加，用来激发靶原子电离的能损比例增加，相应产生入射离子电离的比例降低，Ar 的 K 壳层的电离截面随靶原子序数减小，L 壳层的多电离度降低，结果使得 Ar 的 K 壳层 X 射线的发射产额减小，辐射能量的蓝移量降低，K_β 与 K_α X 射线相对强度比减小。

3.4　本 章 小 结

本章主要讨论了近玻尔速度HCI与固体靶碰撞过程中入射离子多电离态的形成问题。实验测量了 1～3 MeV Ar^{q+}离子作用于 V、Fe、Co、Ni、Cu、Zn 等不同靶材上的特征 X 射线谱，给出了 Ar 的 K 壳层 X 射线能量、分支强度比、产额等参量随入射离子能量、初始电荷态以及靶原子序数等参数的变化关系，并分析了相关参数对 Ar 离子多电离态的影响。

结果显示，Ar 的 K_α、K_β X 射线的能量，以及 K_β 与 K_α 的相对强度比，均大于单电离的原子数据；在本实验能区范围内，K 壳层 X 射线的频移与分支比 $I(K_\beta)/I(K_\alpha)$基本不随入射离子的动能变化，但是，随着靶原子序数的增加而减小；随着入射离子电荷态的升高，频移基本不变，而分支比出现微小的减小趋势。

分析表明，近玻尔速度的 Ar 离子在与固体靶的作用过程中，在俘获电子实现中性化退激的同时，也产生了内壳层的电离，在两者的平衡作用下，当 K 壳层 X 射线辐射时，L 壳层形成了区别于初始电荷态的多电离态。该多电离态的电离度与入射离子的能量和初始电荷态基本无关，但在不同的靶材上，由于入射离子能损在产生入射离子与靶原子内壳层电离的分配不同，以及电子俘获截面存在差异，使得多电离效果随靶原子序数的增大而减弱。

第 4 章　多电离态对入射离子 L 壳层 X 射线辐射的影响

相比于 K 壳层，L 壳层空穴的退激具有更多的通道，除了 X 射线辐射、俄歇跃迁过程以外，还存在支壳层之间内转换的 CK 跃迁，对应 X 射线的辐射过程也较为复杂，如图 4.1 所示，L 壳层 X 射线主要有 α、β、γ、ι、η 等几个线系。当 M、N 等外壳层发生多电离时，由于电子的缺失，一方面，剩余电子的束缚能将发生变化，另一方面，无辐射的跃迁过程将受到影响，相应的辐射跃迁的荧光产额被改变，结果使得 L 壳层 X 射线的辐射发生改变。

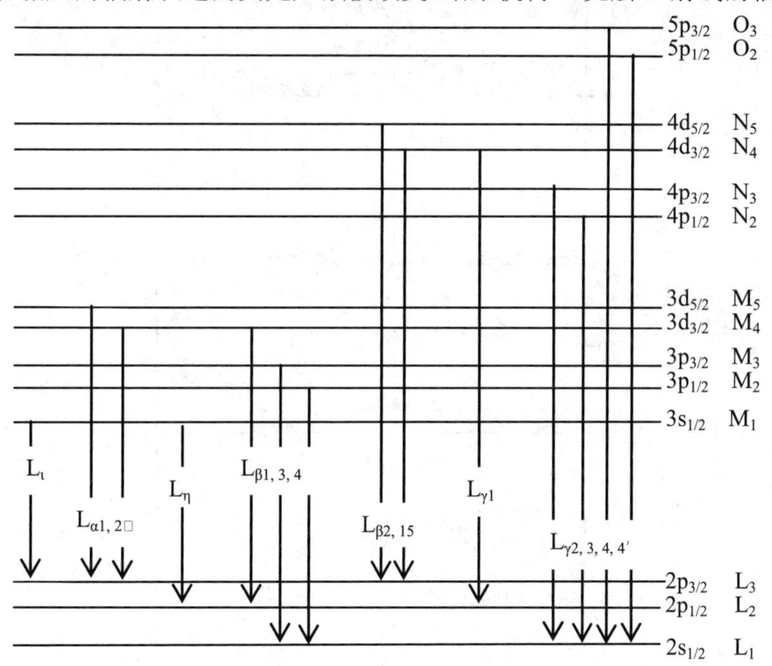

图 4.1　L 壳层 X 射线对应的跃迁及命名

上一章研究了近玻尔速度 HCI 碰撞产生 L 壳层多电离态的现象，并分析了其对 K 壳层 X 射线辐射的影响，本章将主要讨论入射离子的 M、N 等更外壳层多电离态形成的问题，以及其对 L 壳层 X 射线辐射的影响。以 0.97 v_{Bohr} 的 I^{q+}(碘)离子(q = 15，20，22，25，26)作用于 Fe 靶时产生 I 的 L 壳层 X 射线为基础，分析近玻尔速度 HCI 碰撞产生多电离态对 L 壳层 X 射线辐射影响的初始电荷态效应；分析 1.36 v_{Bohr} 的 Xe^{20+}(氙)离子入射不同靶材(Z_2 = 23，26，28，29，30)时产生 Xe 的 L 壳层 X 射线，给出多电离态对 L 壳层 X 射线辐射影响随靶原子序数的变化关系。

4.1 电荷态效应

4.1.1 I 的 L 壳层 X 射线的辐射

图 4.2 给出了能量为 3 MeV、具有不同初始电荷态 I^{q+}离子入射到固体 Fe 靶上产生 I 的 L 壳层 X 射线的入射离子归一特征谱，并由 origin 7.5 程序进行了多峰拟合分析。不同电荷态下，I 的 L 壳层 X 射线结构基本一致，没有明显区别，共有六条分辨率较好的谱线，来自不同支壳层空穴的退激，分别标记为：L_ι、$L_{\alpha1,2}$、$L_{\beta1,3,4}$、$L_{\beta2,15}$、$L_{\gamma1}$、$L_{\gamma2,3,4,4'}$ X 射线，根据图 4.1，相应的跃迁分别为：($3s_{1/2}$-$2p_{3/2}$)、($3d_{5/2,3/2}$-$2p_{3/2}$)、($3d_{3/2}$-$2p_{1/2}$,$3p_{3/2,1/2}$-$2s_{1/2}$)、($4d_{5/2,3/2}$-$2p_{3/2}$)、($4d_{3/2}$-$2p_{1/2}$)、($4p_{3/2,1/2}$/$5p_{3/2.1/2}$-$2s_{1/2}$)[224]。

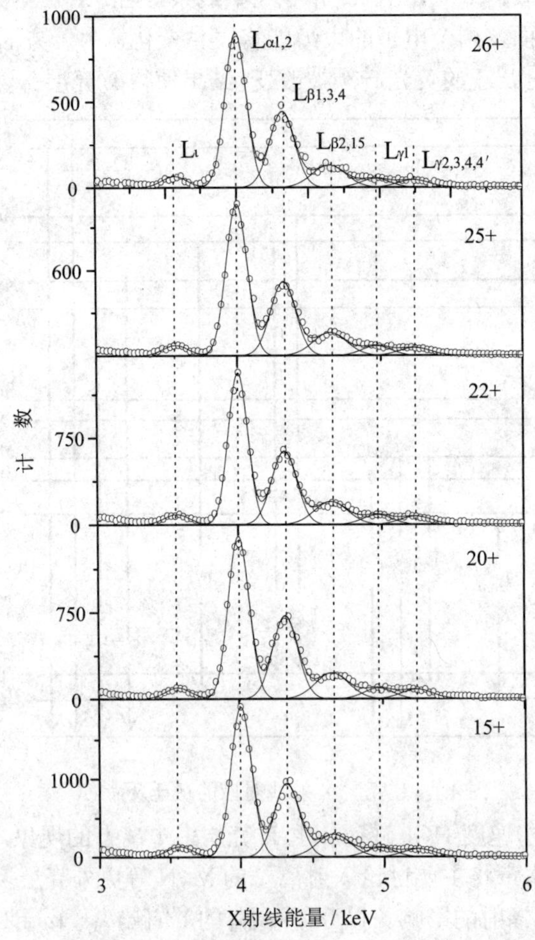

注：圆圈为实验测量谱线，实线为 Gauss 多峰拟合结果，竖直的点线用来表示各谱线的峰位置。

图 4.2　3 MeV I^{q+}离子作用于 Fe 靶产生 I 的 L 壳层 X 射线特征谱

3 MeV I^{q+}离子的速度为 0.97 倍的玻尔速度，约为 2.12×10^6 m/s，考虑到离子束作用靶点到 ECR 离子源出口的距离约为 12.74 m，此处 I^{q+}离子入射到靶面的飞行时间约为 6×10^{-6} s，该时间远大于 I^{q+}离子亚稳态的退激时间，所以，该实验中的 X 射线可以排除入射离子在靶材上表面亚稳态的退激结果。稳态 I^{15+}、I^{20+}、I^{22+}、I^{25+}、I^{26+}离子的核外电子排布分别为：[Kr] $4d^2$, [Ar] $3d^{10}4s^24p^3$, [Ar] $3d^{10}4s^24p$, [Ar] $3d^84s^2$, [Ar] $3d^74s^2$(Kr：$1s^22s^22p^63s^23p^63d^{10}4s^24p^6$，Ar：$1s^22s^22p^63s^23p^6$)，因此，入射离子不存在初始的 L 壳层空穴。L 壳层 X 射线的辐射说明入射离子进入固体在下表面发生了碰撞电离。并且，除了 I^{15+}离子在 4d 上有两个电子以外，其他离子在 4d 上都没有初始电子，所有离子在 5d 上也没有电子，完整的 L 壳层 X 射线谱的出现表明 I^{q+}离子在下表面的退激过程中俘获电子到 N、O 壳层空穴形成了第二代空心原子。总之，图 4.2 中实验观察到的 X 射线为 I^{q+}离子在下表面经历电离和俘获共同作用形成第二代空心原子退激的结果。

利用式(2.3)，实验分别计算了 3 MeV I^{q+}轰击 Fe 靶时产生 I 的 L_ι、$L_{\alpha1,2}$、$L_{\beta1,3,4}$、$L_{\beta2,15}$ 四条分支 X 射线单离子产额，并给出了其随靶原子序数的变化关系。如图 4.3 所示，$L_{\alpha1,2}$、$L_{\beta1,3,4}$ X 射线的产额约为 10^{-5}，L_ι、$L_{\beta2,15}$ 的产额约为 10^{-6}，随着靶原子序数的增大，所有产额都逐渐减小。这可以通过离子剩余轨道电子的结合能的变化方面来理解。由式(2.6)可以明显看出，X 射线的产额与相应内壳层的电离截面成正比，根据式(2.13)，电离截面与目标电子束缚能的平方成反比。对于离子，由于外壳层电子被剥离，轨道电子对原子核的屏蔽作用减弱，使得原子核对剩余电子的束缚作用增强，相应的电离能增加，相比于原子，同一壳层电子的电离截面减小。

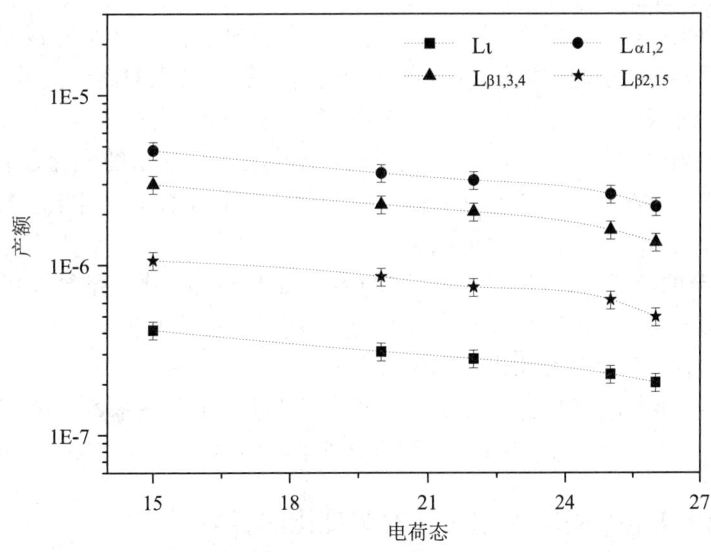

图 4.3　不同电荷态下 I 的 L 壳层 X 射线的产额

本实验中，I^{q+}离子 L_3 壳层电子的电离能在初始电荷态为 15+，20+，22+，25+，26+时分别为 4933 eV、5144 eV、5238 eV、5385 eV、5473 eV [226]，即随着电荷态的增加，逐

渐增大。利用 ISICS 程序进行估算[206-209]，不同初始电荷态 I^{q+}离子 $2p_{3/2}$ 壳层电子的电离截面 PWBA 的计算结果分别为 0.95 barn、0.62 barn、0.51 barn、0.38 barn、0.32 barn，与图 4.3 的趋势相同，随电荷态的增加反而逐渐降低。

4.1.2　I 的外壳层的多电离态

表 4.1 列出了 3 MeV I^{q+}离子作用于 Fe 靶时产生 I 的 L 壳层 X 射线前四条谱线辐射能的实验结果，为了对比，还给出了单电离的原子数据。可以看出，在实验误差范围内，各 X 射线能量值随入射离子初始电荷态的增大没有较大的变化，基本为一常数，$L_ι$、$L_{\alpha1,2}$、$L_{\beta1,3,4}$、$L_{\beta2,15}$ 各谱线的平均值分别约为 3556 eV、3986 eV、4311 eV、4674 eV，并且均大于原子数据，分别向着短波方向发生了 71 eV、50 eV、85 eV、166 eV 的蓝移。

表 4.1　3 MeV I^{q+}离子作用于 Fe 靶产生 I 的 L 壳层 X 射线辐射能

	$L_ι$/ keV(±5)	$L_{\alpha1,2}$/ keV(±5)	$L_{\beta1,3,4}$/ keV(±5)	$L_{\beta2,15}$/keV(±5)
原子数据[224]	3485	3936	4226	4508
电荷态 15+	3556	3988	4313	4676
电荷态 20+	3554	3984	4309	4675
电荷态 22+	3558	3987	4311	4672
电荷态 25+	3553	3984	4311	4672
电荷态 26+	3558	3987	4311	4675

根据 1.2 节的讨论，由于多普勒效应的存在，入射离子辐射的 X 射线相对于探测器可能出现红移或者蓝移的情况。本实验中，探测器与作用靶点处入射离子的速度方向成 135°夹角，入射离子的 X 射线可能会出现红移的现象。而实际上，根据 4.1.1 节的讨论，入射离子的 X 射线辐射来自第二代空心原子的退激，发生在与靶原子的碰撞之后，由于碰撞过程中的能量转移，使入射离子的速度降低，多普勒效应不再明显，因此，由多普勒效应引起的能量频移可以忽略不计。

根据 3.1.2 节的论述，M 以及更外壳层的多电离情况可以由 L 壳层 X 射线的能量移动来确定，我们认为表 4.1 的蓝移结果主要是指 I^{q+}离子外壳层产生多电离态的影响。在 I^{q+}离子与 Fe 原子的作用过程中，I 离子在中性化和电离的动态平衡作用下，产生了 M、N 等壳层的多电离态，该多电离态的电离度与入射离子的初始电荷态基本无关，当 L 壳层 X 射线辐射时，具有不同初始电荷态的入射离子形成了相同电子结构的多空穴组态。

4.1.3　多电离对 I 的 L 壳层 X 射线相对强度比的影响

多电离不仅可以引起 X 射线辐射的能量转移，通过改变俄歇、CK 无辐射跃迁的概率，也可影响 L 分支壳层辐射跃迁的荧光产额，引起分支 X 射线相对强度比的改变。图 4.4 和图 4.5 给出了 3 MeV I 离子与 Fe 靶作用时产生 I 的 L_β 与 L_α 分支 X 射线相对强度的比值，其实验值大于单电离的原子数据，并随入射离子初始电荷态的增加，在实验误差范围内没有明显变化，基本为一常数。这与表 4.1 给出的结论基本一致，I^{q+}离子在与 Fe 靶的碰撞过程中，形成了外壳层的多电离态，但是该离子多电离态的电离度与初始电荷态基本无关。

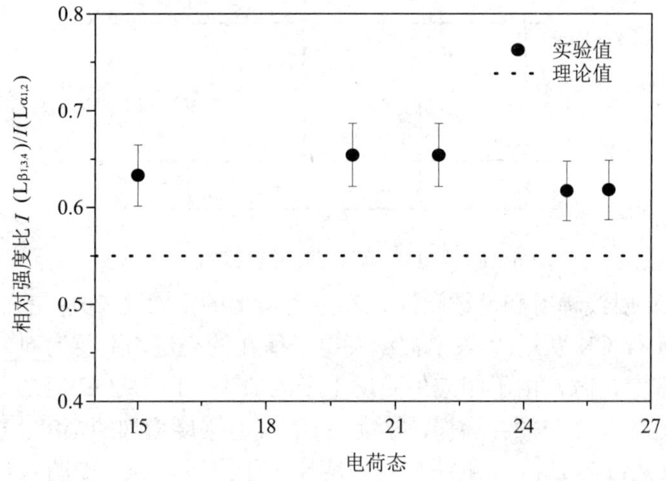

图 4.4　I 的 $L_{\beta1,3,4}$ 与 $L_{\alpha1,2}$ X 射线相对强度的比值随初始电荷态的变化

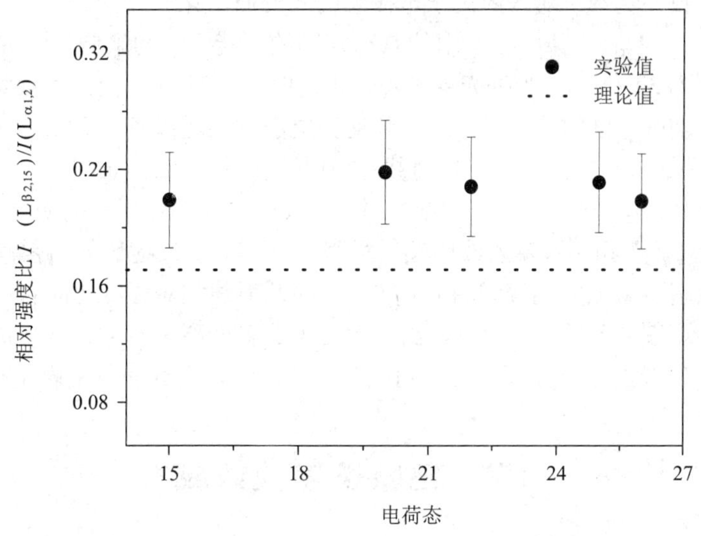

图 4.5　I 的 $L_{\beta2,15}$ 与 $L_{\alpha1,2}$ X 射线相对强度比随初始电荷态的变化

I 的 $L_{\beta1,3,4}$ X 射线包括 M_4-L_2、M_3-L_1 和 M_2-L_1 三条辐射跃迁谱线，相应的荧光产额比例为 30∶1.7∶1，$L_{\beta3,4}$ X 射线约占总辐射强度的 8%，$L_{\beta1}$ 跃迁约占总谱线的 92%，所以主要的跃迁为 $L_{\beta1}$ X 射线。如图 4.6 所示，L_α 与 $L_{\beta1}$ X 射线具有相同的上能级，分别来自 3d 电子填充 $2p_{3/2}$ 和 $2p_{1/2}$ 壳层空穴的辐射跃迁。对于 I，L 支壳层 L_2、L_3 空穴退激的俄歇跃迁概率 a_2、a_3 分别为 0.767 和 0.921[213,214]，这为同一数量级，且相差不大。当外壳层发生多电离时，a_2 和 a_3 虽然会同时减小，但是减小的幅度基本相同，由此造成 L_α 与 $L_{\beta1}$ X 射线辐射过程的荧光产额变化也应该基本相同，造成 $L_{\beta1,3,4}$ 与 $L_{\alpha1,2}$ X 射线相对强度比的变化基本没有区别。

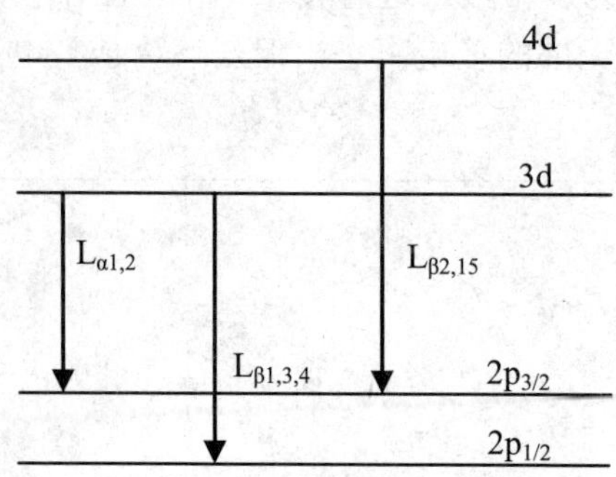

图 4.6　$L_{\alpha1,2}$、$L_{\beta1,3,4}$、$L_{\beta2,15}$ X 射线的主要跃迁

然而，除了 X 射线辐射和俄歇跃迁，$2p_{1/2}$ 壳层上的空穴比 $2p_{3/2}$ 空穴多了一条额外的退激通道，即 L_2-L_3Y CK 跃迁(Y 表示被激发电子所在的壳层，主要为 N、O 壳层)。当 M、N 等壳层上存在多空穴时，由于相应外壳层电子的缺失，L_2-L_3Y CK 跃迁过程会被抑制，相应辐射跃迁过程的荧光产额会增加，导致 $L_{\beta1}$ 的辐射强度增加的幅度大于 L_α 的辐射强度增加的幅度，即 $L_{\beta1,3,4}$ 与 $L_{\alpha1,2}$ X 射线相对强度比大于原子数据，如图 4.4 所示。又如前面所述，本实验中 I 离子多电离的电离度与初始电荷态基本无关，所以 $I(L_{\beta1,3,4})$与 $I(L_{\alpha1,2})$的比值基本为一常数并基本不随入射离子电荷态的改变而变化。

如图 4.6 所示，$L_{\alpha1,2}$ 与 $L_{\beta2,15}$ X 射线具有相同的下能级，均来自 $2p_{3/2}$ 空穴的退激，对应的上能级分别为 3d 和 4d。当外壳层发生多电离时，填充 $2p_{3/2}$ 空穴的俄歇过程被减弱，相应的辐射过程增强，ω_3 增大。I 原子 L_3 分支壳层俄歇跃迁概率为 0.921，约为 $M_{4,5}$-L_3(对应 $L_{\alpha1,2}$ X 射线)和 $N_{4,5}$-L_3(对应 $L_{\beta2,15}$ X 射线)辐射跃迁过程对应荧光产额的 30 倍和 214 倍。因此，a_3 的改变将对 ω_3 产生较大的影响，并且对 $\omega(L_{\beta2,15})$的作用更为明显。I 离子外壳层的多电离态引起 $L_{\alpha1,2}$ 与 $L_{\beta2,15}$ X 射线的辐射增强，但是 $L_{\beta2,15}$ X 射线的增强幅度要大于 $L_{\alpha1,2}$ 的增强，结果出现实验上所观察到的 $L_{\alpha1,2}$ 与 $L_{\beta2,15}$ X 射线相对强度比的测量结果大于单电离的原子数据，如图 4.5 所示。同时，由于此处 I 的多电离态的电离度与初始电荷态基本无关，L 壳层 X 射线的相对强度的比值随电荷态的增加，在误差范围内没有明显的变化。

4.2　靶原子序数效应

4.2.1　Xe 的 L 壳层 X 射线的辐射

图 4.7 给出了速度约为 1.36 倍玻尔速度的 Xe^{20+}离子作用于靶原子序数为 23～30 的固体靶材产生入射离子的 L 壳层 X 射线特征谱，并进行了高斯(Gauss)多峰拟合分析。实验上 V 离子的 K_αX 射线的能量(4.955 keV)正好处于 Xe 的 $L_{\beta2,15}$(4.845 keV)和 $L_{\gamma1}$(5.060 keV)X 射线之间，由于受到 SDD 探测器分辨率的限制，这三条线并不能完全分辨，如图 4.7(a)所示，共同组成了第四个大峰。除 V 靶以外，其他靶材上的光谱均由六条分辨较好的谱线组成，与 4.1.1 节中 I 的谱线相类似，分别为 Xe 的 $L_\iota(3s_{1/2}$-$2p_{3/2})$、$L_{\alpha1,2}(3d_{5/2,3/2}$-$2p_{3/2})$、$L_{\beta1,3,4}(3d_{3/2}$-$2p_{1/2}$、$3p_{3/2,1/2}$-$2s_{1/2})$、$L_{\beta2,15}(4d_{5/2,3/2}$-$2p_{3/2})$、$L_{\gamma1}(4d_{3/2}$-$2p_{1/2})$和 $L_{\gamma2,3,4,4'}(4p_{3/2,1/2}$, $5p_{3/2,1/2}$-$2s_{1/2})$X 射线。

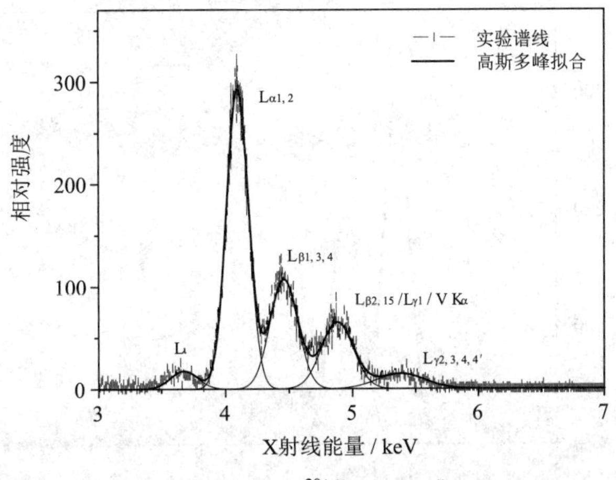

(a) 6 MeV Xe^{20+}作用于 V 靶

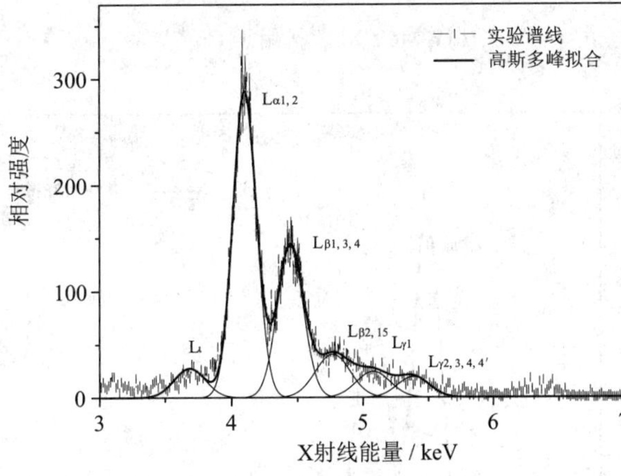

(b) 6 MeV Xe^{20+}作用于 Ni 靶

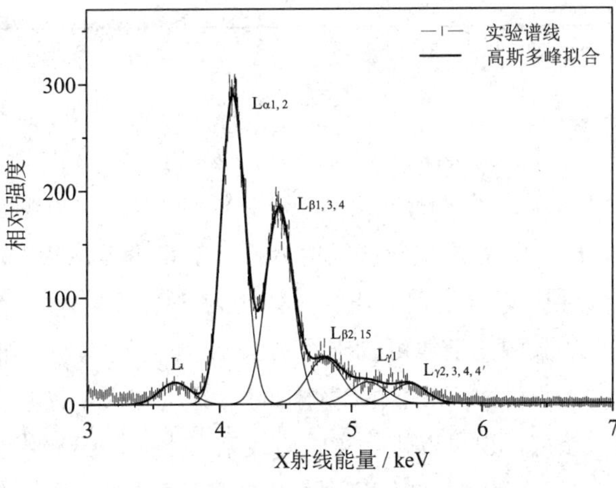

(c) 6 MeV Xe^{20+}作用于 Ni 靶

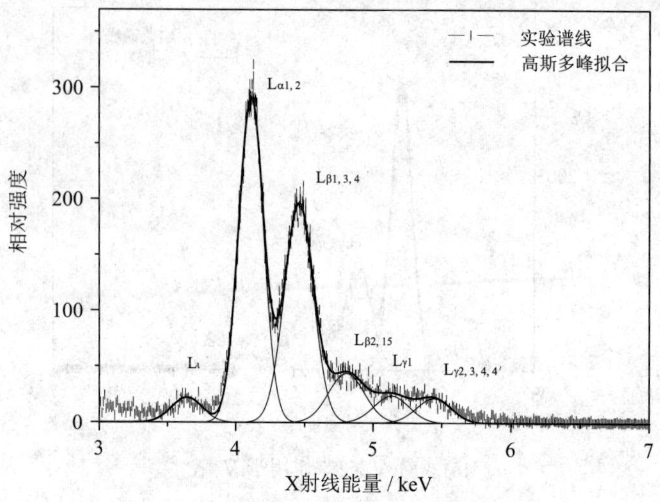

(d) 6 MeV Xe^{20+}作用于 Cu 靶

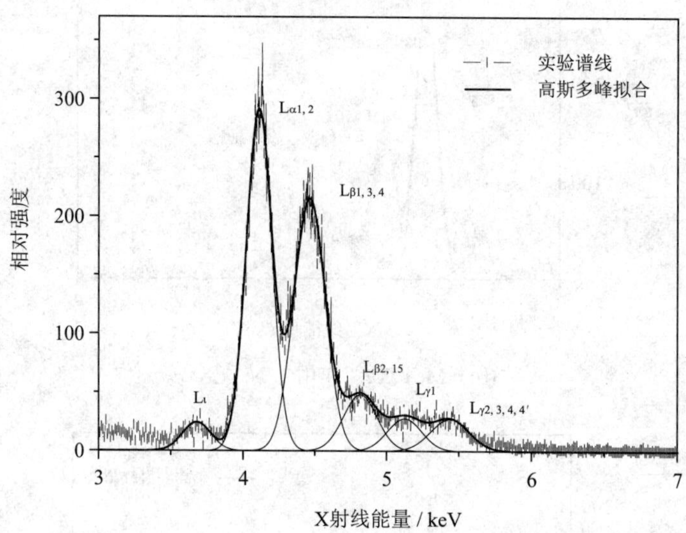

(e) 6 MeV Xe^{20+}作用于 Zn 靶

图 4.7　6 MeV I^{20+}离子作用于不同靶产生 Xe 的 L 壳层 X 射线特征谱

类似于 4.1.1 节中 I 的 L 壳层 X 射线发射分析，能量为 6 MeV Xe^{20+}离子的速度约为 3.0×10^6 m/s，从离子源到达靶面之前的飞行时间约为 3.0×10^{-6} 秒，该时间能够让所有亚稳态离子退激。首先，实验中的谱线可以排除来自 Xe^{20+}亚稳态的退激结果。其次，Xe^{20+}的电子结构为 $1s^22s^2p^63s^2p^6d^{10}4s^2p^4$，不存在初始的 L 壳层空穴，忽略小概率的电子关联产生内部双电子激发退激结果，也可以排除实验谱线来自上表面第一代空心原子的退激。因此，可以推断，图 4.7 中 Xe 的 L 壳层 X 射线来源于下表面 Xe 离子在碰撞电离和电子俘获共同作用下形成第二代空心原子的退激。

4.2.2　Xe 的 L 壳层 X 射线的频移

表 4.2 列出了 6 Mev Xe^{20+}离子轰击 V、Fe、Ni、Cu、Zn 靶产生 Xe 的三条主要 L 壳层 X 射线 $L_{\alpha1,2}$、$L_{\beta1,3,4}$、$L_{\beta2,15}$ 的实验辐射能，其均大于原子数据，并且随着靶原子序数的增加，蓝移量逐渐增大。虽然 Xe^{20+}离子的速度高达 10^6 m/s，但是其 X 射线的辐射发生在下表面与靶原子的碰撞之后，此时其已经被减速，实验中的频移可以忽略多普勒效应的影响。我们认为，蓝移主要是由外壳层的多空穴态引起的。在靶材内，Xe 离子经历了库仑电离和电子俘获中性化的双重作用，当其 L 壳层 X 射线辐射时，M、N 壳层处于多电子缺失的多电离态，其多电离度与靶原子序数呈正相关的关系。

该结果可以类比 3.1.3 节的讨论进行理解。这里将 Xe^{20+}离子看作固定不动的“靶原子”，将靶原子看成运动的“入射离子”，“入射离子”的速度即为 Xe^{20+}离子的速度，但“入射离子”的能量将随靶原子序数的增加而增大，根据式(2.13)，引起 Xe 离子壳层电子单电离的截面逐渐增大。利用 ISICS 程序，由 PWBA 计算 6 MeV Xe 离子入射引起其 M 壳层电子电离的截面大约为 L 壳层的 10^5 倍，从 V 靶到 Fe 靶，由 4.5×10^6 barn 增加到 7×10^6 barn(1 barn = 10 m^2)。如果忽略电子关联效应，将多电离看成是多个单电离的乘积，多电离度将正比于单电离截面[228]。因此，多电离度随靶原子序数的增加而增大，导致测量 X 射线的蓝移增大。

表 4.2　6 MeV Xe^{20+}离子作用于不同靶上产生 Xe 的 L 壳层 X 射线辐射能

	$L_{\alpha1,2}$/eV	$L_{\beta1,3,4}$/eV	$L_{\beta2,15}$/eV
原子数据[224]	4108	4420	4714
V	4150	4500	4845
Fe	4154	4508	4862
Ni	4163	4513	4872
Cu	4168	4519	4876
Zn	4172	4525	4897
实验误差	±3	±3	±5

4.2.3　Xe 的 L 壳层 X 射线相对强度比随靶原子序数的变化

从图 4.7 可以看出，虽然入射到不同靶面上 Xe 的 L 壳层 X 射线的谱型比较类似，但是分支 X 射线的相对强度存在明显的差异，相比于 $L_{\alpha1,2}$，$L_{\beta1,3,4}$ X 射线的辐射强度随靶原子序数的增加，出现了明显的增强。考虑靶材对 X 射线的吸收和探测效率，我们定量分析了 L_β 与 L_α X 射线的相对强度比，如图 4.8 和图 4.9 所示，其比值随靶原子序数几乎呈线性减小的关系。这里我们将类比 4.1.3 节的讨论进行论述。

$L_{\alpha1,2}$ 与 $L_{\beta1,3,4}$ X 射线主要来自 3d 电子向 L_3、L_2 壳层空穴的跃迁，相关的俄歇跃迁过程也主要牵扯到 3d 电子。Xe 的 L_2 和 L_3 支壳层空穴的俄歇退激概率分别为 0.763 和 0.915，在同一数量级上，并且相差不大，但远大于其辐射跃迁的荧光产额。当 3d 壳层出现多电离时，填充 L_2 和 L_3 空穴的俄歇过程将同速率地减少，由此产生 $L_{\beta1,3,4}$、$L_{\alpha1,2}$ X 射线辐射增强的幅度基本相当，引起两者相对强度比的变化可以忽略。但是，L_2 空穴比 L_3 多了一项 L_2-L_3 Y(对于 Xe，Y 主要为 N、O 壳层)的内转换 CK 跃迁退激过程。当 N、O 等外壳层电子大量缺失时，L_2-L_3Y CK 跃迁概率减小，从而引起 L_2-$M_{4,5}$ 辐射跃迁过程的荧光产额 $\omega(L_{\beta1,3,4})$增大。随着靶原子序数的增大，外壳层的多电离效应增强，L_2-L_3Y CK 跃迁概率将逐渐减小，相比于 $L_{\alpha1,2}$ 的 ω，$L_{\beta1,3,4}$ 的 ω 出现更大的增加，从而导致我们在实验上所观察到的 $L_{\alpha1,2}$ 与 $L_{\beta1,3,4}$ X 射线的相对强度比随靶原子序数呈现线性减小的趋势，如图 4.8 所示。

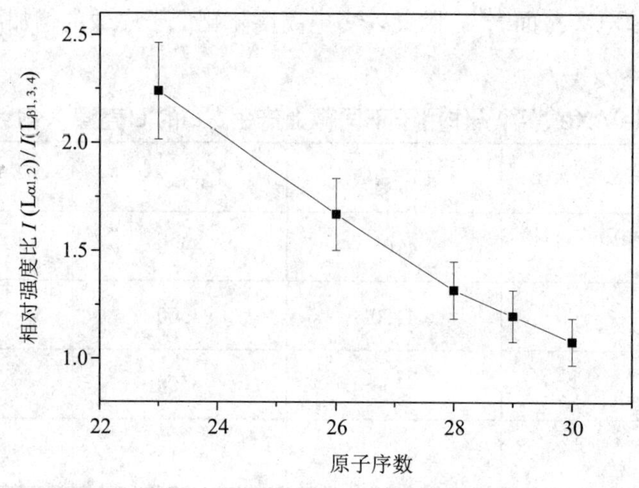

图 4.8　Xe 的 $L_{\alpha1,2}$ 与 $L_{\beta1,3,4}$ X 射线相对强度比随靶原子序数的变化

$L_{\alpha1,2}$、$L_{\beta2,15}$ X 射线以及相对应的俄歇跃迁过程主要来自 3d、4d 电子向相同下能级 L_3 壳层空穴的退激。因为 $\omega_3 + a_3 = 1$，当 Xe 的 M、N 壳层处于多空穴状态时，部分的俄歇跃迁 LMM、LMN、LNN 等将被抑制，a_3 减小，所以辐射跃迁增强，ω_3 增大。a_3 比 L_3 上各分支辐射跃迁的概率大约大 2～3 个数量级，a_3 微小的变化，将引起 ω_{3x} 比较明显的变动。L_3-$M_{4,5}$ 辐射跃迁(对应 $L_{\alpha1,2}$ 辐射)的荧光产额($\omega_{L\alpha1,2}$)大约为 L_3-$N_{4,5}$ 辐射跃迁(对应 $L_{\beta2,15}$ 辐射)($\omega_{L\beta2,15}$)的 6 倍，$\omega_{L\beta2,15}$ 的变化更容易受到 a_3 改变的影响。随着靶原子序数的增加，Xe 的 M、N 壳层多电离增强，使得 $\omega_{L\beta2,15}$ 相比于 $\omega_{L\alpha1,2}$ 产生更大幅度的增大，结果导致 $I(L_{\alpha1,2})/I(L_{\beta2,15})$的实验测量值随靶原子序数出现近似线性减小的变化，如图 4.9 所示。

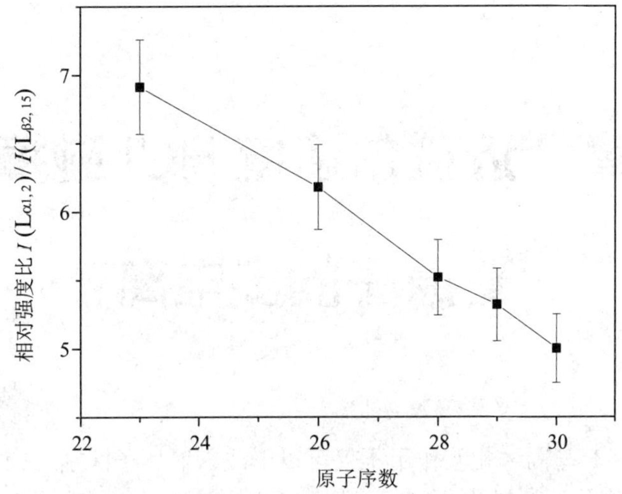

图 4.9　Xe 的 $L_{\alpha1,2}$ 与 $L_{\beta2,15}$ X 射线相对强度比随靶原子序数的变化

4.3　本 章 小 结

本章主要讨论了近玻尔速度 HCI 碰撞产生入射离子多电离态对其 L 壳层 X 射线辐射的影响，并分析了其随入射离子初始电荷态和靶原子序数的变化关系。实验测量了 6 MeV Xe^{20+}离子作用于不同靶材，3 MeV 不同电荷态 I^{q+}离子作用于 Fe 靶产生入射离子的 L 壳层 X 射线。结果发现，入射离子 L 壳层 X 射线的能量向高能方向发生了移动，L_β 与 L_α X 射线的相对强度比，相比于原子数据，出现了增强，该变化与入射离子初始电荷态基本无关，但随靶原子序数的增加，频移增大，$I(L_\alpha)/I(L_\beta)$近似线性减小。

研究认为，近玻尔速度的 I、Xe 离子入射到固体靶材，在下表面，与靶原子近距离的作用中，经历了电离和电子俘获的双重作用，形成了 M、N、O 等外壳层多空穴状态的第二代多激发态空心原子，使得 L 壳层 X 射线的辐射发生了改变。形成外壳层多电离态的电离度基本不随入射离子初始电荷态而改变，但随靶原子序数的增大而增大。

第 5 章　近玻尔速度 HCI 碰撞产生靶原子的多电离

近玻尔速度 HCI 与固体相互作用不仅可以形成入射离子区别于初始电荷态的多电离态，也可以引起靶原子外壳层的多电离。上两章主要论述了入射离子多电离态的形成，以及其对 K、L 壳层 X 射线辐射的影响。本章将主要讨论高电荷态离子碰撞激发靶原子多电离的问题。

本章选取 Al、Si 靶为研究对象，对比 1～1.73 倍 v_{Bohr} 的 Ar^{11+}重离子与 50～250 keV 质子碰撞产生靶原子 K 壳层 X 射线的谱型、能量、展宽等参量，讨论靶原子 L 壳层上的多电离情况；计算 Al、Si 的 K 壳层 X 射线的实验发射截面，并与现有理论估算的结果进行比较，探究适合描述近玻尔速度 HCI 碰撞产生靶原子内壳层电离过程的理论模型，并讨论荧光产额多电离修正对 X 射线发射截面估算的影响。

5.1　靶原子多电离对 K 壳层 X 射线辐射的影响

图 5.1 和 5.2 给出了质子(H^+)、Ar^{11+}离子入射到固体靶材 Al、Si 表面产生靶原子 K 壳层 X 射线的特征谱，并由入射离子个数进行了归一。可以明显看出，同一入射离子激发 X 射线谱的形状基本相同，随着离子动能的增加，中心能量位置基本不变，只是辐射强度随之增大。对比质子激发的谱线，重离子 Ar^{11+}入射时，Al、Si 的 K 壳层 X 射线能量更大，展宽也更大，并且不对称，右边底端明显凸起，具有一延长的尾部。

为进一步更为准确地分析近玻尔速度重离子激发靶原子内壳层电离的特征，实验选用 2 MeV Ar^{11+}离子、250 keV 质子(H^+)轰击 Al 靶，2.5 MeV Ar^{11+}离子、200 keV 质子(H^+)轰击 Si 靶产生靶的 K 壳层 X 射线，利用 origin7.5 程序进行了非线性曲线的 Gauss 拟合比较，如图 5.3 和 5.4 所示。

质子入射时，Al 和 Si 的 K 壳层 X 射线辐射能的实验值约为 1.486 keV、1.744 keV，与单电离的标准数据(Al：1.487 keV；Si：1.740 keV)基本一致，这说明轻离子碰撞引起靶原子内壳层的电离主要是单电离，即当 K 壳层电子被电离时，几乎不存在 L 壳层电子被同时电离的情况，K 壳层 X 射线辐射时，L 壳层基本为原子态的满壳排布。

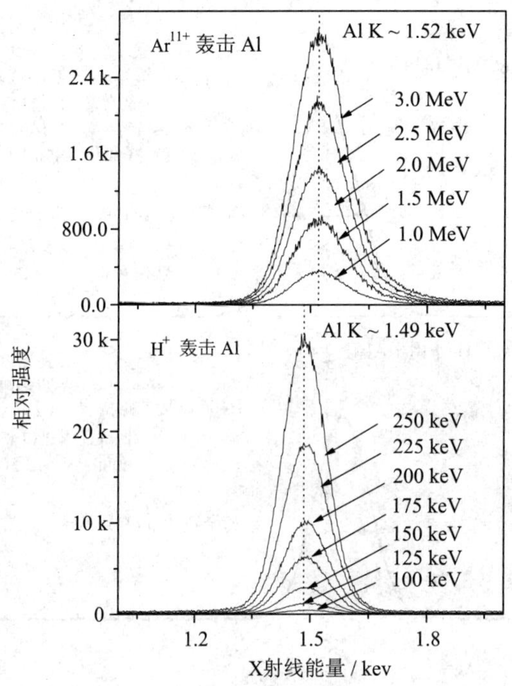

图 5.1　H^+和 Ar^{11+}离子轰击 Al 靶激发 Al 的 K 壳层 X 射线随能量变化的归一谱

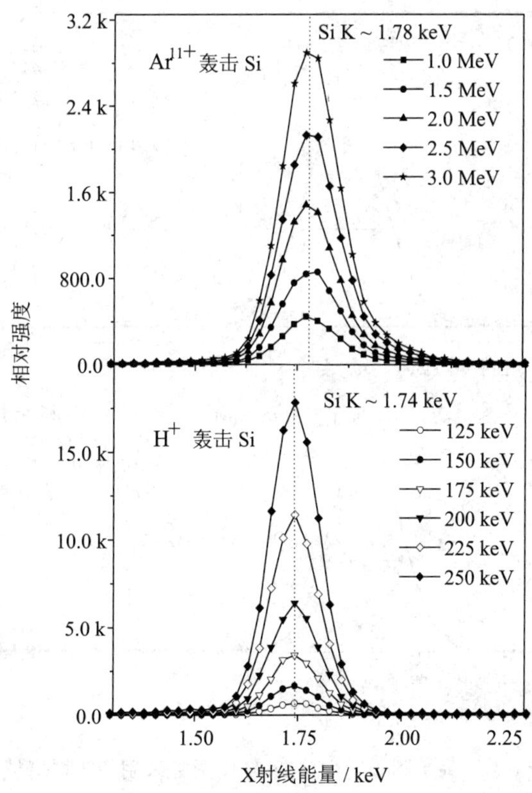

图 5.2　H^+和 Ar^{11+}离子轰击 Si 靶激发 Si 的 K 壳层 X 射线随能量变化的归一谱

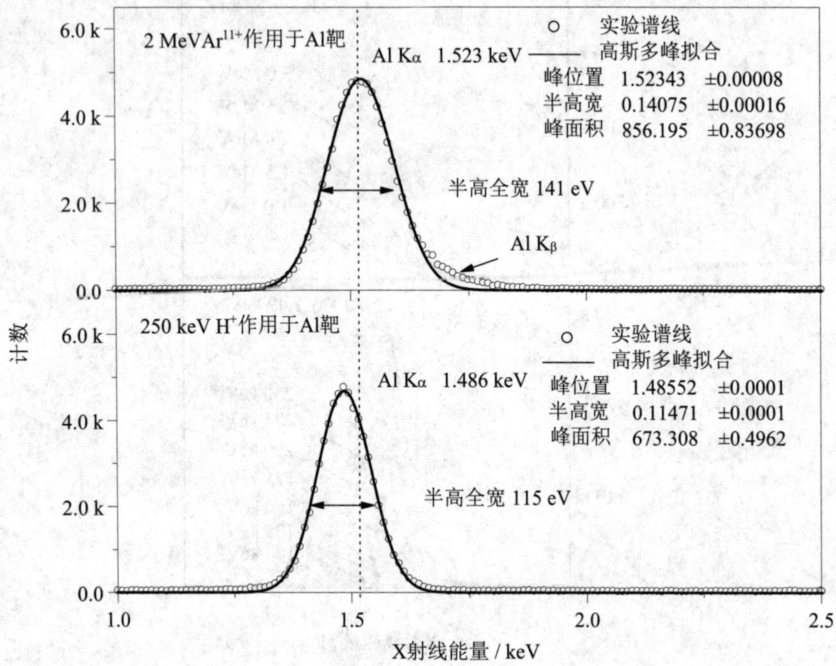

图 5.3　Ar^{11+}离子和质子激发 Al 的 K 壳层 X 射线辐射谱型对比

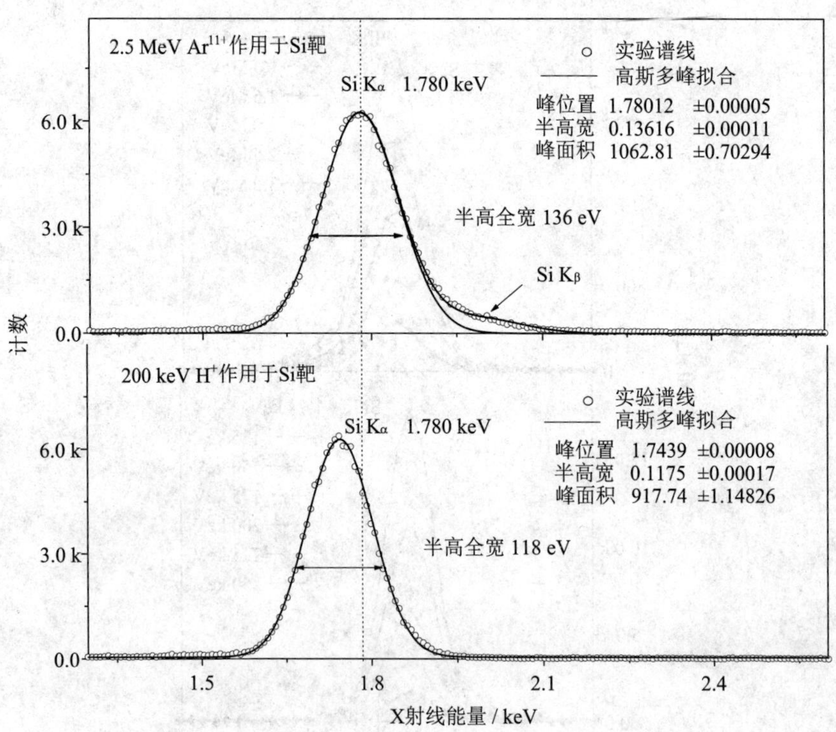

图 5.4　Ar^{11+}离子和质子激发 Si 的 K 壳层 X 射线辐射谱型对比

高电荷态重离子 Ar^{11+} 轰击 Al、Si 靶激发其 X 射线的辐射能量约为 1.523 keV 和 1.780 keV，相比质子诱导的结果，分别向高能端移动了大约 37 eV、36 eV，分析认为，这主要是由 L 壳层电子的多电离引起的。参考 Rzadkiewicz 等人[229-232]的精细谱实验结果以及相应多组态 Dirac-Fork 的计算[221,233,234]，对于 Al、Si 等中低 Z 元素，L 壳层出现一个空穴，其 K 壳层 X 射线的辐射能将向高能方向移动大约 10 eV。根据图 5.3 和图 5.4 中的频移结果，可以推断，Al、Si 原子在与重离子的碰撞过程中，伴随着 K 壳层空穴的产生，其 L 壳层发生了大约 3～4 个电子的多电离。

根据 1.3 节的讨论，单电离原子辐射 K 壳层 X 射线的精细谱主要为 K^1L^8 线，而当 L 壳层出现多空穴时，K 线的精细结构包括 K^1L^8、$K^1L^7\cdots K^1L^n$(n 为 L 壳层剩余电子数)等多条卫星谱线，除了频移，这也会引起 X 射线辐射的展宽。如图 5.3 和图 5.4 所示，Ar^{11+}激发 Al、Si X 射线的半高全宽(FWHM)分别为 141 eV、136 eV，比质子结果大约宽 26 eV、18 eV。这进一步说明了 Ar^{11+}重离子引起了 Al、Si 原子 L 壳层的多电离。

Al、Si 原子的电子结构分别为$[Ne]3s^23p^1$和$[Ne]3s^23p^2$，辐射 K 壳层 X 射线包括 $K_{\alpha1,2}$ 和 $K_{\beta3}$ 三条谱线，分别对应跃迁 K-L_3/L_2 和 K-M_2；对应 Al 的能量分别为 1.487/1.486 keV、1.554 keV，辐射 K_α 和 K_β X 射线荧光产额的比值大约为 166∶1；Si 的能量分别为 1.740/1.739 keV、1.836 keV，$\omega_{K\alpha}$ 与 $\omega_{K\beta}$ 的比值约为 60∶1。由于 $\omega_{K\beta}$ 远小于 $\omega_{K\alpha}$，单电离 Al、Si 原子辐射的 K 壳层 X 射线主要为 K_α 线，利用中等分辨 SDD，无法分辨 $K_{\alpha1,2}$ 之间 1 eV 的差异，因此观测结果应该为左右基本对称呈高斯线型的单一谱线，如图 5.3 和图 5.4 中的质子谱图。

造成 K 壳层空穴退激的主要方式有 X 射线辐射和俄歇跃迁，$\omega_\alpha + \omega_\beta + a = 1$，根据 3.1.2 节的论述，当 Al、Si 原子 L 壳层出现多电离时，其 K_α X 射线辐射、KLL 俄歇跃迁过程的概率将减小，相应的 K_β X 射线的辐射将增强。对图 5.3 和图 5.4 中的上图进行 Gauss 多峰拟合分析，可以确定其右端的凸起延长部分应该为 K_β X 射线辐射增强的结果，其能量对于 Al、Si 分别为 1.699 keV、1.993 keV，比原子数据大约大 145 eV、157 eV；与 K_α X 射线的能量间隔为 176 eV、183 eV，比原子数据 58 eV、96 eV 大约大 118 eV、87 eV。这为 Ar^{11+}碰撞产生靶原子 L 壳层的多电离提供了又一有力的证据。

5.2 靶原子 K 壳层 X 射线的发射截面

本书所用 Al、Si 靶的厚度约为 0.02 mm 和 1 mm，远大于质子、Ar 离子在其中的射程(最大值在 Al 中约为 2.24 μm、1.92 μm；Si 中约为 2.4 μm、2.15 μm)，可以看成是厚靶。利用式(2.3)和式(2.4)，计算质子、Ar^{11+}轰击产生 K 壳层 X 射线的产额和发射截面，如表 5.1～表 5.4 所示。由于 Al 的 K 电子束缚能(1568 eV)略小于 Si 的电子束缚能(1849 eV)，Si 的 K 壳层 X 射线产额和截面测量值略小于 Al 的结果。质子激发产额约为 10^{-8}～10^{-5} 量级，发射截面约为 10^{-1}～10^{-2} barn；重离子 Ar^{11+}产生单离子产额约为 10^{-4} 量级，截面约为 10^2～10^3 barn。在入射速度相同的情况下，重离子激发 X 射线的截面比轻离子要大得多，例如，能量为 2.0 MeV 重离子 Ar 的单核子能量恰好为 50 keV/u，其激发截面比 50 keV H^+ 的结果大约大 10^3 倍。

表 5.1　质子激发 Al 的 K 壳层 X 射线单离子产额和发射截面

质子能量/keV	产额 Y	发射截面 σ_X/barn
50	$(1.89 \pm 0.11) \times 10^{-8}$	0.094 ± 0.011
100	$(1.06 \pm 0.06) \times 10^{-6}$	2.28 ± 0.27
125	$(2.90 \pm 0.17) \times 10^{-6}$	4.75 ± 0.57
150	$(6.90 \pm 0.41) \times 10^{-6}$	8.97 ± 1.08
175	$(1.47 \pm 0.09) \times 10^{-5}$	15.6 ± 1.9
200	$(2.41 \pm 0.14) \times 10^{-5}$	21.5 ± 2.6
225	$(4.46 \pm 0.28) \times 10^{-5}$	34.0 ± 4.1
250	$(7.04 \pm 0.42) \times 10^{-5}$	46.6 ± 5.6

表 5.2　Ar^{11+}离子激发 Al 的 K 壳层 X 射线单离子产额和发射截面

入射能量/MeV	产额 Y	发射截面 σ_X/barn
1.0	$(1.04 \pm 0.06) \times 10^{-4}$	56.9 ± 6.8
1.5	$(2.63 \pm 0.16) \times 10^{-4}$	99.5 ± 11.9
2.0	$(4.18 \pm 0.25) \times 10^{-4}$	121.1 ± 14.5
2.5	$(6.29 \pm 0.38) \times 10^{-4}$	147.6 ± 17.7
3.0	$(8.45 \pm 0.51) \times 10^{-4}$	166.6 ± 20.0

表 5.3　质子激发 Si 的 K 壳层 X 射线单离子产额和发射截面

质子能量变化/keV	产额 Y	发射截面 σ_X/barn
50	$(6.49 \pm 0.39) \times 10^{-9}$	0.036 ± 0.004
100	$(4.51 \pm 0.27) \times 10^{-7}$	1.15 ± 0.14
125	$(1.31 \pm 0.08) \times 10^{-6}$	2.52 ± 0.30
150	$(3.30 \pm 0.20) \times 10^{-6}$	4.99 ± 0.60
175	$(6.88 \pm 0.41) \times 10^{-6}$	8.43 ± 1.01
200	$(1.30 \pm 0.08) \times 10^{-5}$	13.2 ± 1.6
225	$(2.31 \pm 0.14) \times 10^{-5}$	20.0 ± 2.4
250	$(3.69 \pm 0.22) \times 10^{-5}$	27.8 ± 3.3

表 5.4　Ar^{11+}离子激发 Si 的 K 壳层 X 射线单离子产额和发射截面

入射能量/MeV	产额 Y	发射截面 σ_X/barn
1.0	$(1.01 \pm 0.06) \times 10^{-4}$	42.6 ± 5.1
1.5	$(2.21 \pm 0.13) \times 10^{-4}$	81.3 ± 9.8
2.0	$(3.62 \pm 0.22) \times 10^{-4}$	112.8 ± 13.5
2.5	$(5.35 \pm 0.32) \times 10^{-4}$	146.4 ± 17.6
3.0	$(7.20 \pm 0.43) \times 10^{-4}$	177.2 ± 21.3

5.3　实验截面与理论计算结果的比较

Al、Si K 壳层 X 射线发射截面理论值由式(2.7)计算得到，电离截面的计算分别用到了 BEA、PWBA 和 ECPSSR 模型，单电离的荧光产额对于 Al、Si 分别为 0.039 和 0.050。图 5.5 和图 5.6 分别比较了 Al、Si 靶由质子(H^+)和 Ar^{11+}入射激发其 X 射线发射截面的实验值和单电离理论计算结果。

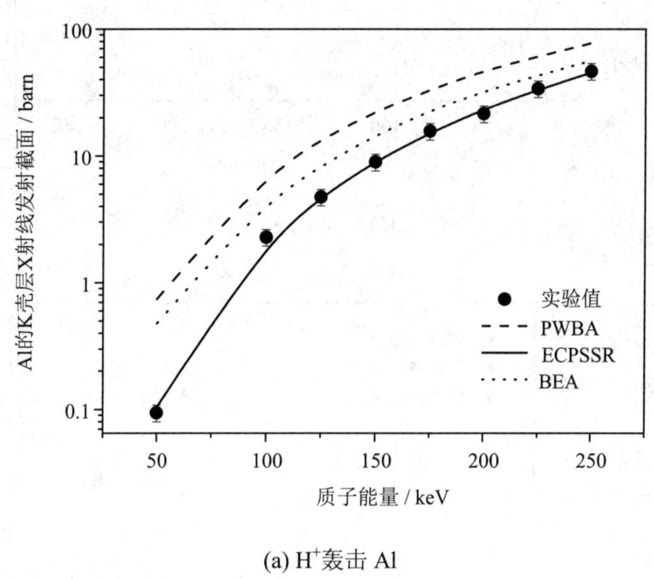

(a) H^+轰击 Al

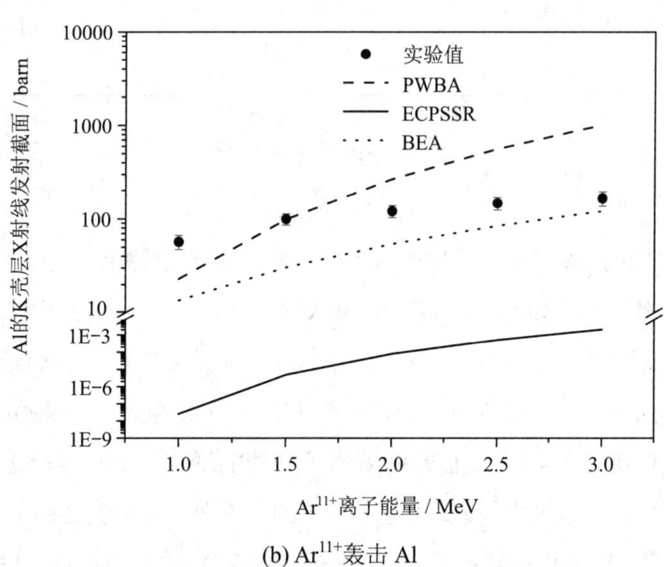

(b) Ar^{11+}轰击 Al

图 5.5　质子(H^+)、Ar^{11+}离子轰击产生 Al 的 K 壳层 X 射线实验截面与理论计算对比

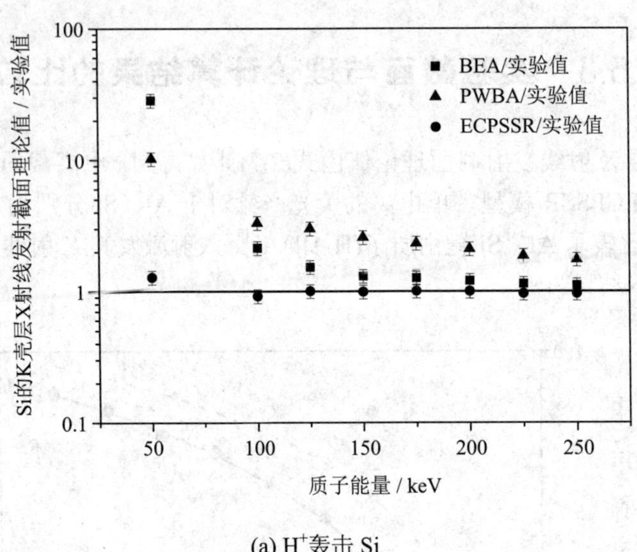

(a) H^+轰击 Si

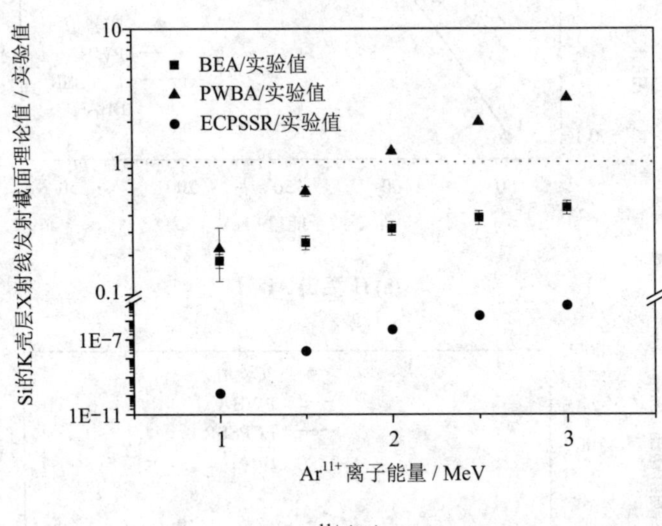

(b) Ar^{11+}轰击 Si

图 5.6　质子(H^+)、Ar^{11+}离子诱导产生 Si 的 K 壳层 X 射线实验截面与理论计算的对比

质子入射时，对于 Al，如图 5.5(a)所示，BEA 理论大约比实验高估了 1.2～5.1 倍，PWBA 计算大约为实验值的 1.6～7.9 倍，而 ECPSSR 估算在误差范围内与实验结果符合较好。对于 Si，如图 5.6(a)所示，在实验能区内 PWBA 和 BEA 计算均大于实验值，在 50 keV 能量处，约为实验值的 30 倍和 10 倍，但是随着质子动能的增加，其与实验之间的差值越来越小，ECPSSR 模拟除在 50 keV 时与实验存在一定的偏差外，与实验结果基本一致。这说明，对于轻离子碰撞激发 K 壳层电离的描述，在小于 300 keV 的低能区内，ECPSSR 理论仍然比较合适。

高电荷态 Ar^{11+}重离子轰击时，如图 5.5(b)和图 5.6(b)所示，ECPSSR 模型虽然对轻离子碰撞预言较好，但是与本实验结果相比，对于 Al 低了至少 5 个数量级，对于 Si 低了至少 6 个数量级，显然不再适用。PWBA 估算虽然与实验值在数量级上相当，但是随入射离子能量的变化趋势与实验之间存在较大差异，比实验增长更快，其在低能端低估了实验，而在高能端又高估了实验，也不能准确地预言实验结果。然而，BEA 理论计算虽然在实验能区内整体小于实验值，但是与实验结果最为接近。

在 2.3.2 节和 3.1.3 节中已经有过论述，外壳层的多电离会引起内壳层空穴退激荧光产额的改变，在计算相应 X 射线产生截面时应该给予考虑。本章 5.1 节已证实，重离子 Ar^{11+}入射时，Al、Si 原子 L 壳层产生了 3～4 个电子的多电离，这将引起 ω_K 大幅度的增加[235]。考虑此变化，PWBA 计算将增大为原来的 5～6 倍，完全高于实验值；ECPSSR 模型，即便是考虑 $\omega_K = 1$ 的最大极限，将依然小于实验值，且比实验值小 3～4 个数量级，两者皆不能合理地预言实验结果。因此，这里需要进一步比较多电离荧光产额修正(MI)对 BEA 估算结果的影响。

根据式(2.28)的计算，并对比 Wang、Karim 等人的结果，当 Al、Si 原子存在 4 个 L 壳层空穴时，发射 K 壳层 X 射线的多电离荧光产额最大值分别为 0.220 和 0.282，大约为单电离数据的 5.6 倍。图 5.7 和图 5.8 分别给出了 Ar^{11+}离子激发 Al、Si K 壳层 X 射线发射截面实验值与使用不同荧光产额 BEA 理论计算结果的比较。考虑多电离 ω_K 修正(MI)后，BEA+MI 模拟要大于实验。实验结果处于原子计算与修正值之间，在低能端其与 BEA+MI 更为接近，而在高能端与单电离的估算差别更小。

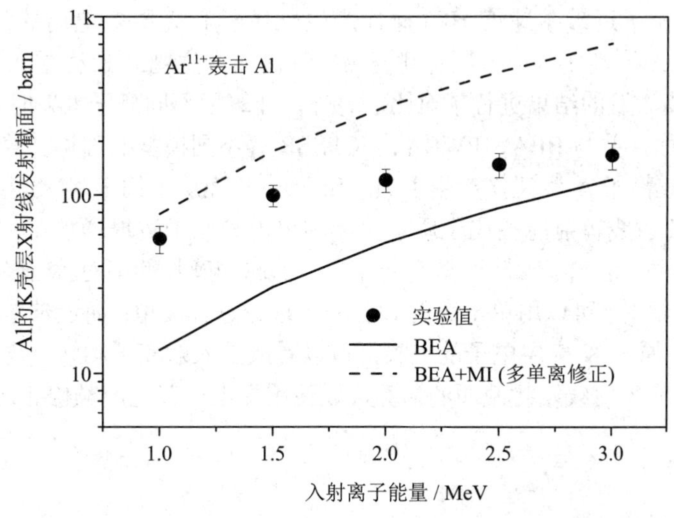

图 5.7　Ar^{11+}离子诱导产生 Al 的 K 壳层 X 射线发射截面与 BEA 估算

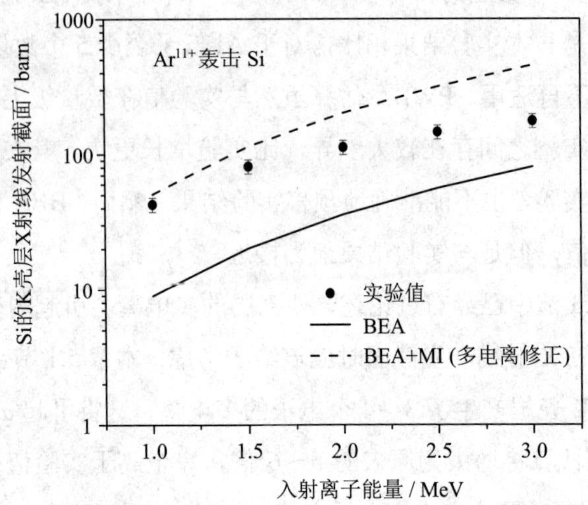

图 5.8　Ar^{11+}离子诱导产生 Si 的 K 壳层 X 射线发射截面与 BEA 估算

值得注意的是，这里的多电离 ω_K 统一使用的是 4 个 L 空穴的最大值，而在实际碰撞中，不同能量的 Ar^{11+}碰撞产生靶原子 L 壳层多电离的程度以及电子排布会有所不同，引起 ω_K 的变化也会不同。如果考虑每次碰撞产生多电离的具体情况，使用准确的多电离 ω_K 数据，BEA 将会给出很符合实验结果的数值。所以，我们认为，相比于 PWBA 和 ECPSSR，BEA 应该是描述近玻尔速度高电荷态重离子碰撞激发靶原子内壳层电离最为合适的模型，但是在估算相应 X 射线产生截面时，需要考虑荧光产额的多电离修正。

5.4　本 章 小 结

本章主要讨论了近玻尔速度 HCI 碰撞产生靶原子 L 壳层多电离的问题。测量了 1～3 MeV 高电荷态 Ar^{11+}离子入射到固体靶材 Al、Si 表面产生靶的 K 壳层 X 射线，并与 50～250 keV 质子碰撞激发的结果进行了对比。另外，计算了不同离子入射时，Al、Si K 壳层 X 射线的产生截面，并与 BEA、PWBA、ECPSSR 等不同模型的理论计算进行了比较。

实验发现，重离子 Ar^{11+}碰撞产生了 Al、Si 原子 L 壳层大约 3～4 个电子的多电离，导致靶的 K 壳层 X 射线辐射能相比于质子引起的单电离原子数据增加了大约 36 eV；使得 K_β X 射线辐射增强，引起了观测谱型高能端尾部凸起和延长的不对称。轻离子产生靶原子 K 壳层 X 射线的辐射，可以用单电离的 ECPSSR 理论进行模拟；而近玻尔速度高电荷态重离子激发 Al、Si 原子 K 壳层电子的电离，可以看成是入射离子和轨道电子之间发生两体碰撞的结果，相应 X 射线发射截面的估算可以使用多电离荧光产额修正的 BEA 模型。

第 6 章　质子碰撞产生的多电离

一般认为，质子与靶原子相互作用激发其壳层电子的电离为单电离，相应的 X 射线为标准的单电离原子数据，多电离主要是高电荷态重离子碰撞的结果[236-239]。而实际上，低能质子碰撞也会产生外壳层的多电离[170,240,241]，这与质子的入射能量密切相关。质子碰撞过程较为简单，产生的截面数据常用来检验电离模型的适用性，激发 X 射线辐射数据也可作为向 PIXE 提供的基础数据。前几章主要研究了 HCI 碰撞产生多电离的问题，本章将主要讨论低能质子激发高 Z(Z 为靶原子序数)元素外壳层多电离的情况。

本章选取 Nd(钕)靶，对比质子、光子诱导其 L 壳层 X 射线的辐射，以及其 L_ι、$L_{\beta 2}$ 与 L_α X 射线的相对强度比的实验值与单电离数据，讨论 O、P 壳层的多电离；分析 75～250 keV 质子轰击 Cd(镉)、In(铟)靶激发其 L 壳层 X 射线辐射强度随质子能量的变化，研究质子碰撞产生多电离的入射能量依存关系；计算靶原子 L 壳层总的以及各分支 X 射线发射截面，将能量延伸到更低能区的 75 keV，丰富、扩充现有数据库，并与使用不同原子参数的理论计算结果进行比较，探讨原子参数选取对计算结果的影响。

6.1　质子碰撞产生多电离现象

本节中质子激发 X 射线的测量使用的是第 2 章介绍的方法，质子由中国科学院近代物理研究所自主研发并安装于 320 kV 高压平台上的兰州全永磁电子回旋共振 2 号离子源提供，X 射线测量在 1#终端的球形靶室中进行，光子谱线的测量则是借助中国科学院近代物理研究所嬗变化学研究室的 X 射线材料分析装置完成的。

入射光子由 AMPtek 公司研制的小型 X 射线源(Mini-X)提供，靶的 X 射线由 SDD 探测。Mini-X 是一个完整的小型 X 射线光管系统，激发源为银(Sliver)靶，能够产生 5～50 keV 的连续光谱和两个能量为 22.1 keV 和 25.2 keV 的特征谱(Ag 原子的 K_α、K_β X 射线)。光管的电压调节范围为 10～50 keV，发射光子的最大通量为：每秒到达轴向 30 cm 处 50 keV 光子的密度为 10^6/mm^2。本实验选择激发电压 30 kV，电流 100 μA。

Mini-X 前端加装一直径为 3 mm，长度为 2 cm 的钨质准直孔，距离靶材 30 mm，入射方向与靶面法线之间成 45° 夹角。SDD 距离靶面 20 mm，与 Mini-X 在同一平面上，探测方向与靶面夹角为 45° 。

6.1.1　Nd 的 $L_{\gamma 2}$ X 射线的辐射增强

图 6.1 给出了 200 keV 质子与光子入射到 Nd 靶表面激发其 L 壳层 X 射线的特征谱，并

用非线性拟合程序进行了 Guass 多峰拟合分析。由于 Nd 的原子序数较大，L 壳层各分支 X 射线之间的能量间隔较大，利用 SDD 可以观测到 L_ι、L_α、L_β、L_γ 四组分辨明显的谱线。

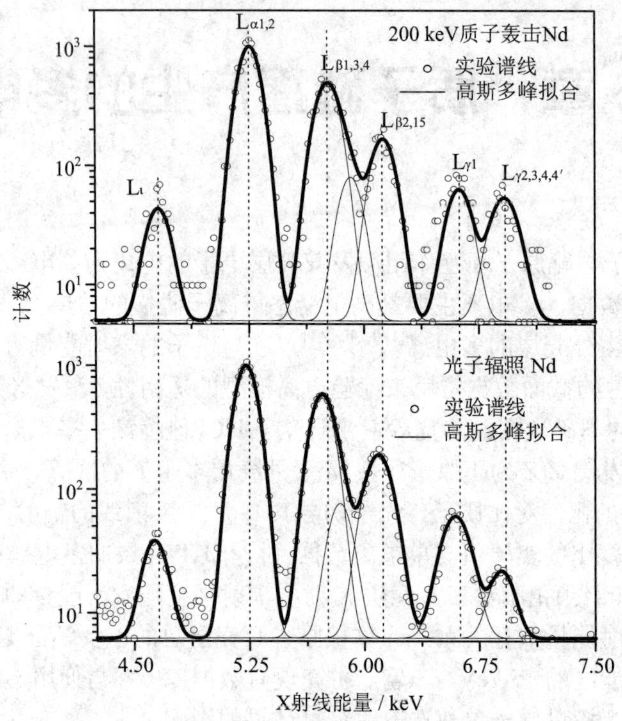

图 6.1　质子和光子激发 Nd 靶的 L 壳层 X 射线特征谱

如图 4.1 所示，L_ι X 射线只有一条谱线，来自跃迁 L_3-M_1。L_α 包括 $L_{\alpha1}$ 和 $L_{\alpha2}$ 两条线，分别来自 L_3-M_5、L_3-M_4 的跃迁，由于受到 SDD 分辨率的限制，两者不能完全分开。L_β X 射线包括 $L_{\beta1,3,4}$ 和 $L_{\beta2,15}$ 分辨较好的两条谱线，其中 $L_{\beta1,3,4}$ 又包括分别来自 L_2-M_4、L_1-M_3 和 L_1-M_2 跃迁的三条未分辨谱线，而主要的辐射为 $L_{\beta1}$ X 射线。$L_{\beta2,15}$ 主要包括来自 L_3-N_5、L_3-N_4 跃迁的两条未分辨谱线。L_γ 也包括分辨较好的两组线 $L_{\gamma1}$ 和 $L_{\gamma2,3,4,4'}$，其中 $L_{\gamma1}$ 为 L_2-N_4 的辐射跃迁，$L_{\gamma2,3,4,4'}$主要包含 L_1-N_3、L_1-N_2、L_1-O_3、L_1-O_2 的四条辐射跃迁，可以简称为 $L_{\gamma2}$X 射线。

由图 6.1 可以看出，虽然质子、光子入射激发 Nd 的 L 壳层分支 X 射线谱线组成基本类似，但是质子引起了 $L_{\gamma2}$ X 射线的明显辐射增强。考虑探测效率和靶材的自吸收，当质子能量为 125 keV、150 keV、175 keV、200 keV、225 keV、250 keV 时，$L_{\gamma2}$ 与 $L_{\gamma1}$ X 射线的相对强度比分别为 0.90 ± 0.10、0.82 ± 0.07、0.84 ± 0.05、0.95 ± 0.05、0.87 ± 0.04、0.88 ± 0.04，这均大于单电离原子的理论计算值 0.11，以及光子入射的测量值 0.27 ± 0.03。

6.1.2　质子引起 Nd 外壳层的多电离

分析认为，$L_{\gamma2}$ X 射线的辐射增强是由外壳层电子的多电离引起的，正如前面论述，除了高电荷态重离子，低能质子也会引起靶原子的多电离。该现象发生时，由于外壳层电子的缺失，非辐射的跃迁过程部分被抑制，引起了 L_γ 分支 X 射线相对强度比明显的改变。图 6.2 给出了 L_ι、$L_{\beta2}$ 与 L_α X 射线相对强度比，其大于单空穴的原子数据。Cipolla 等人也发现了类似的现象[170,240]。根据此结果，我们可以推断出质子激发 Nd 原子 M、N 壳层上的多电离情况。

L_l 与 L_α X 射线来自不同 M 壳层电子向相同下能级空穴 L_3 的退激。由于壳层 M_1 与 $M_{4,5}$ 电子束缚能之间存在较大差异，相比于 $M_{4,5}$ 壳层，M_1 壳层的多电离我们认为可以忽略不计。M_1 壳层的电子也不存在因 CK 跃迁内转换而减少的情况。一般来讲，对于同一空穴，辐射跃迁的概率正比于上能级电子的数目，如图 6.2(a)所示，L_l 与 L_α X 射线相对强度比出现了增强，这说明 Nd 原子的 $M_{4,5}$ 壳层电子发生了多电离。

$L_{\beta2}$ 与 L_α X 射线主要来自 N、M 不同主壳层电子向相同下能级 L_3 空穴的辐射跃迁。当外壳层出现多空穴时，L_3 空穴退激的俄歇过程将减弱，相应的辐射概率 ω_3 会增大。对于 Nd 原子，L_3 壳层的俄歇跃迁概率 a_3 大约为 L_α 和 $L_{\beta2}$ X 射线辐射荧光产额 ω_{L_α}、$\omega_{L_{\beta2}}$ 的 9 倍和 46 倍，外壳层多电离对 $\omega_{L_{\beta2}}$ 的影响远大于对 ω_{L_α} 的影响，引起 $\omega_{L_{\beta2}}$ 增加的幅度要大于 ω_{L_α} 的增加，结果导致相对强度比 $I(L_{\beta2})/I(L_\alpha)$的实验结果大于单电离的理论数据，如图 6.2(b)所示。该结果说明质子轰击引起了 Nd 原子 $M_{4,5}$ 和 $N_{4,5}$ 壳层电子的多电离。

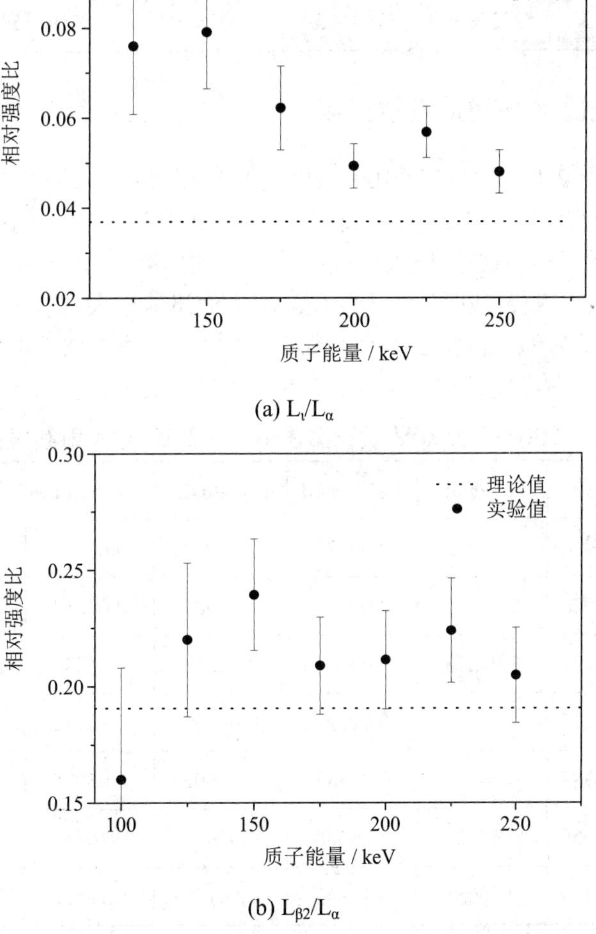

(a) L_l/L_α

(b) $L_{\beta2}/L_\alpha$

图 6.2　质子激发 Nd 靶的 L 壳层分支 X 射线相对强度比

靶原子的多电离可以是多次单电离的共同作用结果，也可能来自 CK 跃迁或俄歇跃迁的后续激发。轨道电子的单电离截面与其束缚能成反比。如果忽略电子关联效应，多电离的电离度与单电离截面之间是正相关的关系。根据上文对 M、N 壳层多电离的讨论，我们可以很容易推断出 O、P 壳层电子的多电离，这引起了 $L_{\gamma2}$ X 射线的辐射增强。

当然，除了分支相对强度比的变化，多电离的情况也可以由 X 射线辐射的频移来判断。表 6.1 列出了 Nd 的六条 L 壳层 X 射线质子激发能与光子激发结果和单电离的标准数据。可以看出，光子诱导数据，除了 $L_{\gamma1}$ X 射线以外，与原子数据基本一致，这说明，光子入射时，引起 Nd 的电离主要是单电离，而质子激发结果大于光子结果，这进一步证实了质子引起 Nd 原子外壳层的多电离，为 $L_{\gamma2}$ X 射线辐射增强的解释提供了又一证据。

表 6.1　200 keV H^+与光子激发 Nd 靶的 L 壳层 X 射线辐射能

	L_ι/eV	$L_{\alpha1,2}$/eV	$L_{\beta1,3,4}$/eV	$L_{\beta2,15}$/eV	$L_{\gamma1}$/eV	$L_{\gamma2,3,4,4'}$/eV
原子数据	4633	5228	5726	6090	6604	6894
光子数据	4633 ± 3	5228 ± 3	5727 ± 5	6090 ± 3	6592 ± 5	6893 ± 5
质子数据	4659 ± 3	5252 ± 3	5764 ± 5	6124 ± 3	6619 ± 5	6913 ± 5

6.1.3　Nd 的 L 壳层 X 射线的发射截面

利用式(2.3)和式(2.4)，分别计算 100～250 keV 质子激发 Nd 靶的 L 壳层各分支 L_ι、L_α、L_β、L_γ X 射线的发射截面，计算结果如表 6.2 所示，其中 L_β X 射线的截面为 $L_{\beta1,3,4}$ 和 $L_{\beta2,15}$ X 射线发射截面之和，由于受到较大计数统计误差的影响，100 keV 时，L_ι 和 L_γ X 射线的截面数据未能给出。相关截面随质子能量的增大而迅速增大，能量增加 100 keV，截面上升约两个数量级。另外，相比于现有的数据库[242,243]，本书将 Nd 的截面数据扩充到了 100 keV 的更低能区，入射能为 100 keV、125 keV 时的数据为新增数据点。

表 6.2　100～250 keV 质子激发 Nd 的 L 壳层 X 射线发射截面

质子能量/keV	L_ι/barn	$L_{\alpha1,2}$/barn	$L_{\beta1,3,4}$/barn	$L_{\beta2,15}$/barn	L_β/barn	L_γ/barn	L_{Total}/barn
100	—	0.00062	0.00022	0.00010	0.00032	—	—
125	0.00028	0.00357	0.00229	0.00084	0.00313	0.00054	0.00753
150	0.00091	0.01278	0.00929	0.00318	0.01247	0.00196	0.02852
175	0.00217	0.03435	0.02193	0.00759	0.02952	0.00591	0.07231
200	0.00387	0.08595	0.04383	0.01602	0.05985	0.00972	0.15939
225	0.00909	0.17325	0.08088	0.02607	0.10695	0.01839	0.30768
250	0.01344	0.30051	0.11343	0.04179	0.15522	0.03273	0.50190

图 6.3 给出了实验截面与根据式(2.8)～式(2.11)并利用 ISICS 程序[206-209]计算的 PWBA、ECPSSR 和 ECUSAR 的理论结果以及实验能区涵盖的 Braziewicz 等人的实验数据[242,243]。除了 L_ι 和 L_γ X 射线的个别数据存在较小差异以外，我们的数据与 Braziewicz 的结果基本一致。理论计算的荧光产额、俄歇概率和内转换系数来自 Krause[213]的数据库，辐射宽度取自 Scofield[217,218]的计算。ECPSSR 和 ECUSAR 估算比 PWBA 计算大约低 1 个数量级，与实验结果符合较好，这说明低能质子产生的 X 射线发射截面可以用修正的 PWBA 理论来估算。在实验能区范围内，联合原子近似对 ECPSSR 的修正作用较小，ECPSSR 与 ECUSAR 没有明显差异，ECUSAR 估算略大于 ECPSSR 的结果，对于 L_ι、L_α X 射线，其增加幅度平均约为 15%，对于 L_β 和 L_γ X 射线，该幅度分别约为 9%和 8%。

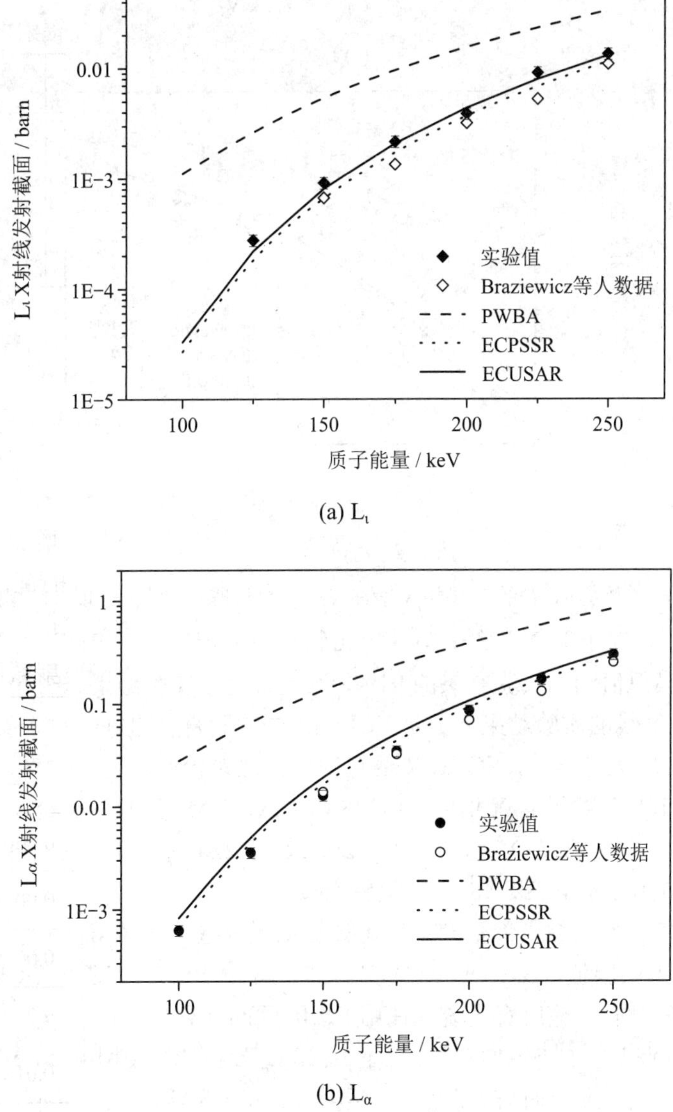

(a) L_ι

(b) L_α

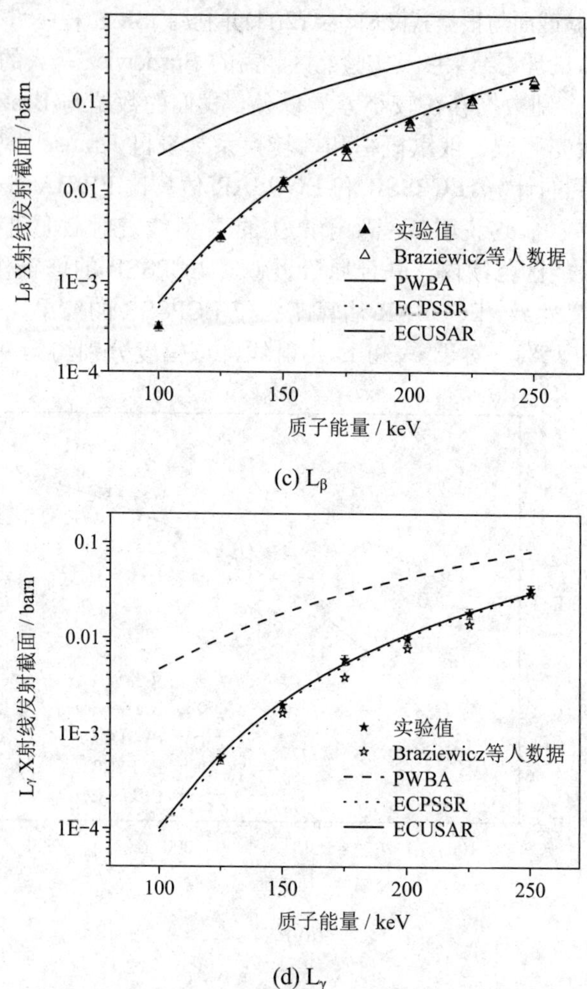

图 6.3 质子激发 Nd 靶的 L 壳层 X 射线发射截面与理论计算及其现有数据的比较

如图 6.3 所示，对于 L_ι X 射线，除了 200 keV 时的情况，ECPSSR 估算约为实验值的 79%，ECUSAR 模拟值约为实验结果的 91%，其更接近于实验结果。ECPSSR 和 ECUSAR 估算均大于 L_α X 射线的实验结果，但是 ECPSSR 与实验符合更好。对于 L_β X 射线，除了 100 keV 数据存在较大差异外，ECPSSR 估算整体上比实验值大约高 11%，而 ECUSAR 比实验结果大约高 16%。对于 L_γ X 射线，ECPSSR、ECUSAR 两者与实验之间的比较没有明显的区别，当入射能为 125 keV、150 keV、200 keV、225 keV 时，ECPSSR 与实验符合较好，而在其他能量点上，ECUSAR 与实验更为接近。

为清晰比较使用不同原子参数产生理论计算结果的区别，图 6.4 分别给出了 Nd 的 L 壳层分支 X 射线的实验值、Braziewicz 的实验结果与 ECPSSR、ECUSAR 理论计算结果的比值随质子能量的变化。辐射宽度统一使用 Scofield 的计算，而 ω_{Li}、a_{Li}、f_{ij} 参数分别取自 Krause[213]和 Campbell[215,216]的数据库。对于 L_α 和 L_β X 射线，使用 Krause 数据的 ECPSSR 模型与实验结果最为符合，而对于 L_ι 和 L_γ X 射线，ECUSAR 联合 Campbell 参数的计算似乎与实验更为接近。对于所有的分支谱线不能完全使用统一的模型和原子参数进行估算，但是，对于同一模型，使用不同的原子参数会引起一定程度的差别。因此，在模拟 L 壳层分支 X 射线辐射时，要慎重考虑原子参数的选取。

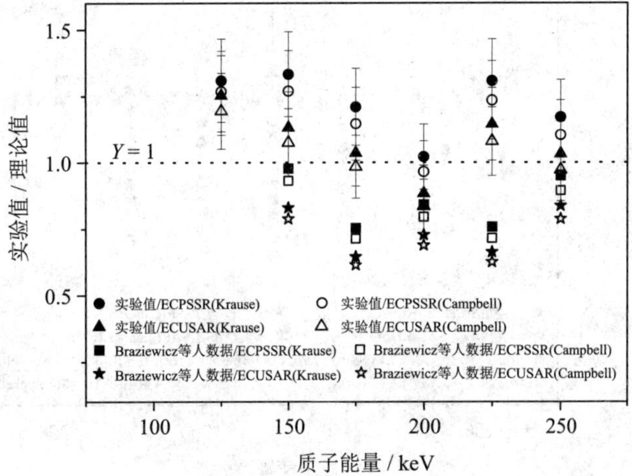

(a) L_ι

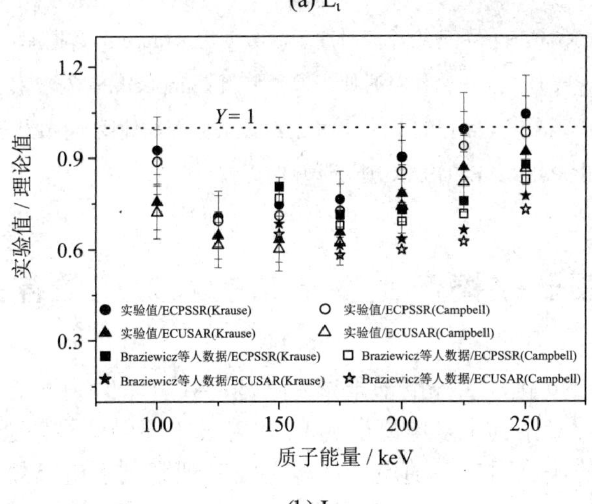

(b) L_α

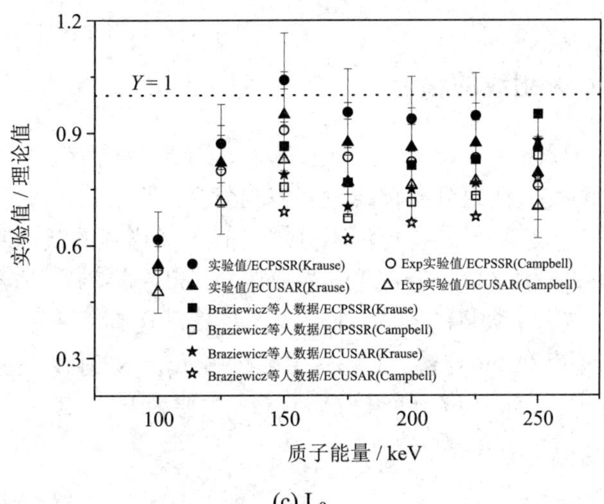

(c) L_β

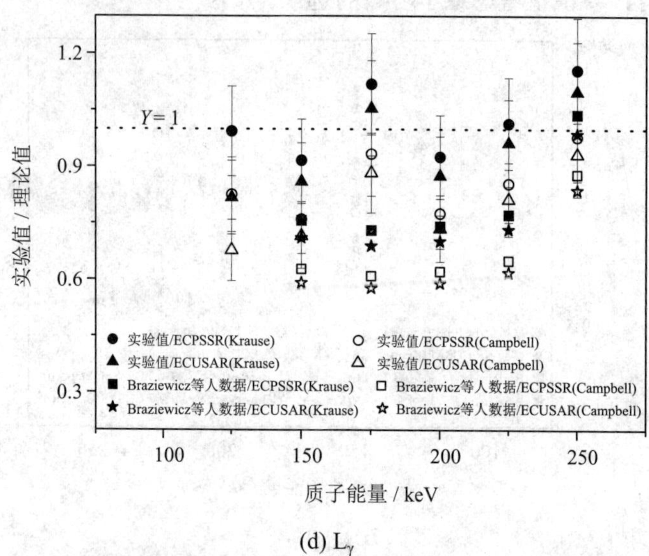

(d) L_γ

注：(Krause)表示理论计算时原子参数使用 Krause 的数据库；

(Campbell)表示理论计算时原子参数使用 Campbell 的数据库。

图 6.4　质子激发 Nd 靶的 L 壳层 X 射线发射截面与使用不同原子参数 ECPSSR、ECUSAR 理论计算的比较

6.2　质子碰撞产生多电离的入射能依存关系

在 6.1 节中，对于 Nd 靶，核外电子排布为[Xe]$6s^2 4f^4$，牵涉到 L 壳层 X 射线辐射的最高壳层为 O_3 壳层，虽然观察到了多电离引起 $L_{\gamma 2}$X 射线的辐射明显增强，但是由于最外壳层电子对内壳层空穴的快速回填，随质子能量并没有观察到多电离规律性的变化。本节将选取 L 壳层 X 射线辐射关联到最外壳层电子的 Cd、In 靶，讨论质子激发多电离的能量关系。

6.2.1　Cd、In 的 L_γ X 射线的辐射

图 6.5 给出了质子入射到 Cd、In 靶产生其 L 壳层 X 射线特征谱，由于其原子序数比 Nd 靶较小，L_ι、L_α、L_β、L_γ 四组分辨谱线没有完全分立，但是 L_ι、$L_{\alpha 1,2}$、$L_{\beta 1,3,4}$、$L_{\beta 2,15}$、$L_{\gamma 1}$、$L_{\gamma 2,3,(4)}$这 6 条 L 壳层分支 X 射线仍可清晰分辨。前 5 条谱线的跃迁两者相同，分别为：($3s_{1/2}$-$2p_{3/2}$)、($3d_{5/2,3/2}$-$2p_{3/2}$)、($3d_{3/2}$-$2p_{1/2}$,$3p_{3/2,1/2}$-$2s_{1/2}$)、($4d_{5/2,3/2}$-$2p_{3/2}$)、($4d_{3/2}$-$2p_{1/2}$)，如图 4.1 所示。然而，由于轨道电子数目的不同，$L_{\gamma 2,3,(4)}$ X 射线跃迁有所区别。对于 Cd，核外电子排布为[Kr]$4d^{10}5s^2$，不存在 5p 电离，$L_{\gamma 2,3,(4)}$主要包括 $L_{\gamma 2,3}$ X 射线，对于 In，电子结构为[Kr]$4d^{10}5s^2 5p^1$，最外壳层 5p 上有一个电子，$L_{\gamma 2,3,(4)}$主要为 $L_{\gamma 2,3,4}$ X 射线。

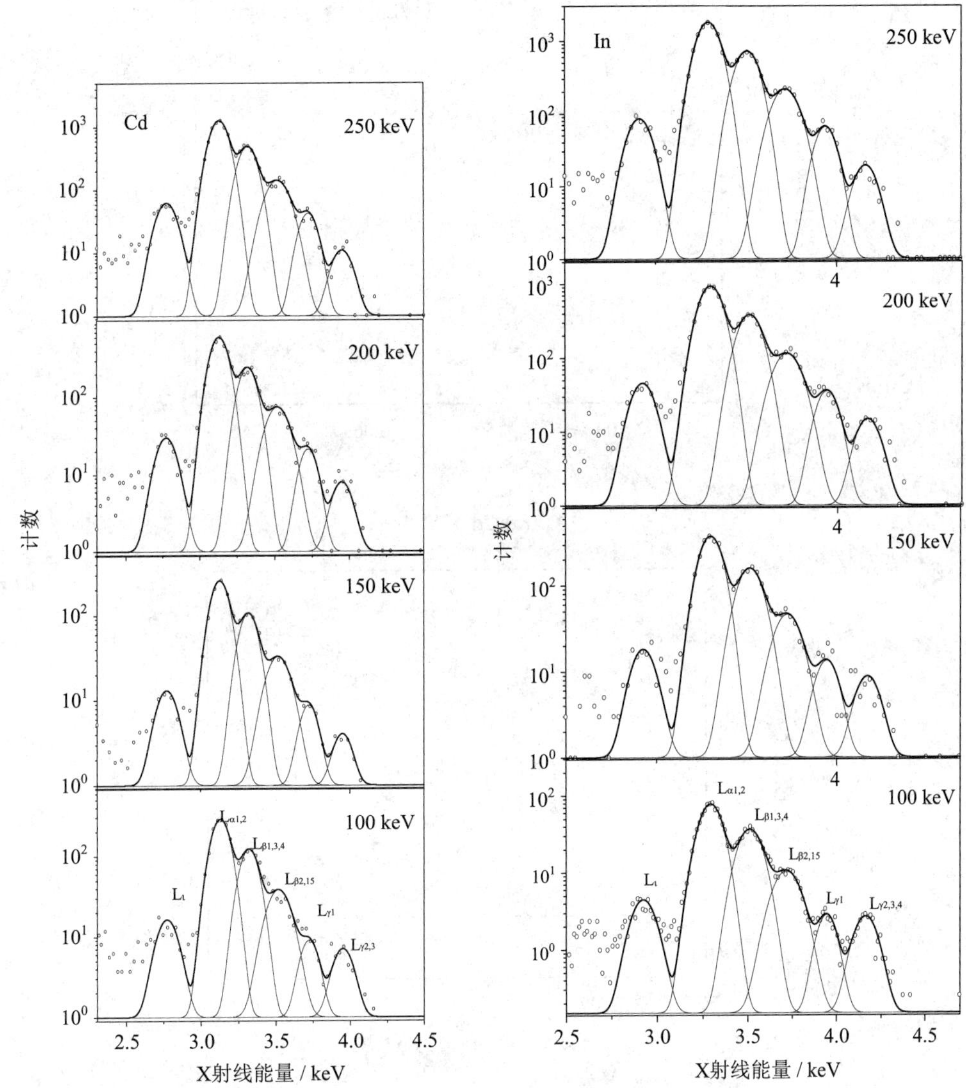

注：圆圈为实验谱线，实线为高斯多峰拟合。

图 6.5　100～250 keV 质子激发 Cd、In 靶的 L 壳层 X 射线特征谱

6.2.2　质子诱导 Cd、In 原子 N、O 壳层的多电离

由图 6.5 可以明显看出，随着质子能量减小，相比于 $L_{\gamma1}$，$L_{\gamma2}$ X 射线的辐射是逐渐增强的。进一步的定量分析如图 6.6 所示，在实验能区范围内，$L_{\gamma2}$ 与 $L_{\gamma1}$ X 射线的相对强度比大于单电离的理论数据，并且随质子能量的增加是迅速减小的，越来越接近于原子数据。类比 6.1.2 节的论述，我们认为这是由质子碰撞产生外壳层的多电离引起的，并且该多电离度随质子能量的增加而减弱。

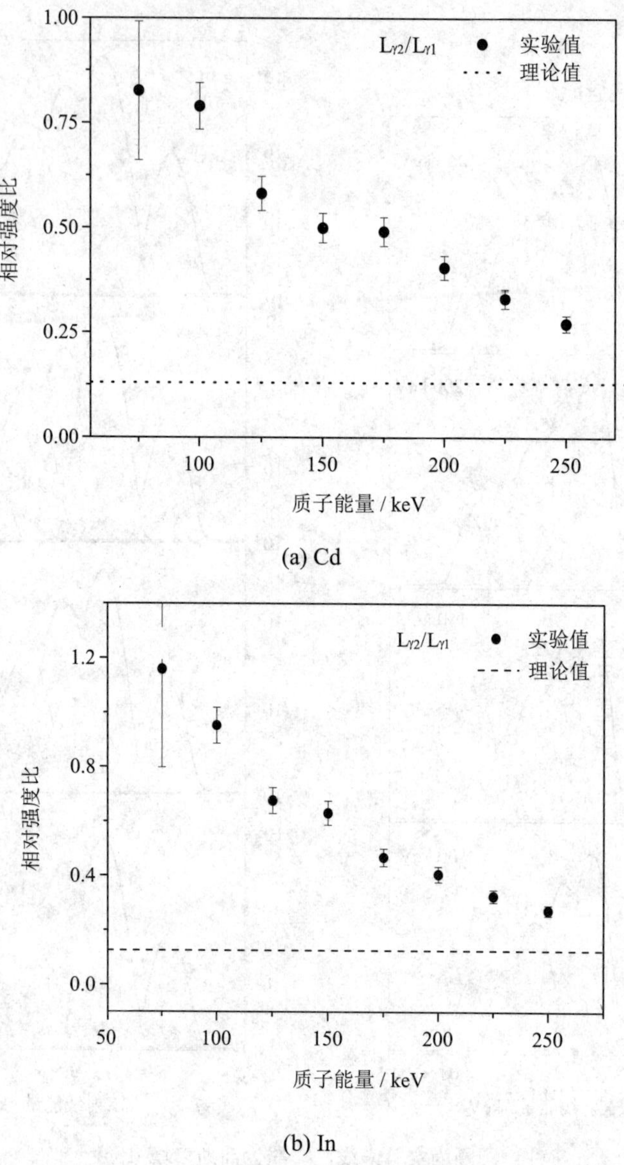

(a) Cd

(b) In

图 6.6　质子激发 Cd、In 的 L_γ X 射线相对强度比随入射能的变化

为验证上述现象，类比于 6.1.2 节的讨论，我们定量分析了其他分支 X 射线 L_ι、$L_{\beta2}$ 与 L_α 的相对强度比随质子能量的变化，如图 6.7 所示。L_ι 与 L_α 具有相同的下能级，来自不同 M 支壳层的跃迁，如图 6.7(a)和(c)所示，$I(L_\iota)$与 $I(L_\alpha)$的比值大于原子数据且随入射能减小，说明质子引起了 Cd、In 原子 $M_{4,5}$ 壳层的多电离，且电离度随质子能量增加而减小。$L_{\beta2}$ 与 L_α 也具有相同的下能级，来自不同主壳层电子的退激，如图 6.7(b)和(d)所示，相对强度比 $I(L_{\beta2})/I(L_\alpha)$也大于原子数据并且也随入射能减小，这可以推断出 $M_{4,5}$ 和 $N_{4,5}$ 壳层电子的多电离。根据电离截面与束缚能的反比关系，也可以容易地推断出，75～250 keV 的质子碰撞引起了 Cd、In 原子 O 壳层的多电离，且电离度与质子能量成反比。这引起了 $L_{\gamma2}$ X 射线的辐射增强，但增加幅度随入射能的增加而减小，如图 6.5 所示。

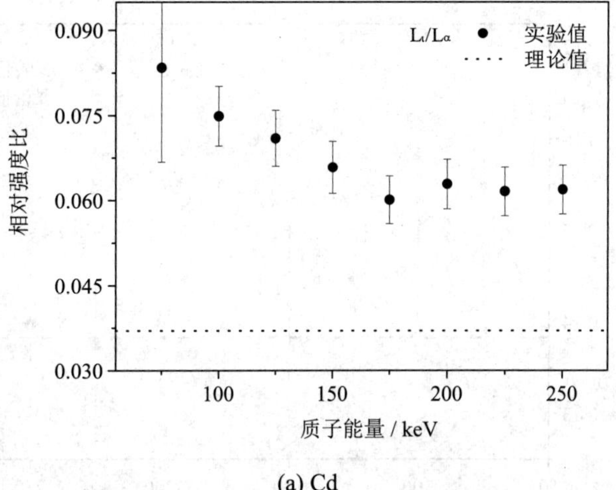
0.090
0.075
0.060
0.045
0.030
相对强度比
L_l/L_α
实验值
理论值
100
150
200
250
质子能量 / keV

(a) Cd

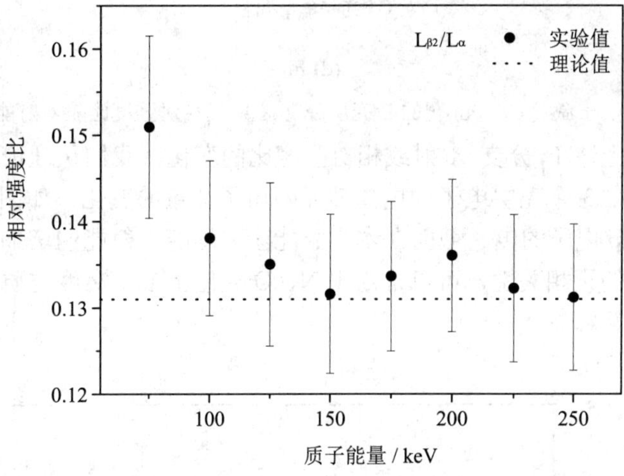
0.16
0.15
0.14
0.13
0.12
相对强度比
$L_{\beta2}/L_\alpha$
实验值
理论值
100
150
200
250
质子能量 / keV

(b) Cd

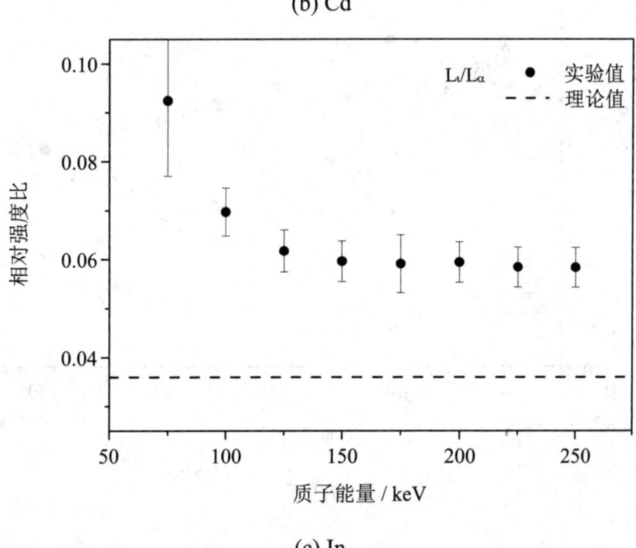
0.10
0.08
0.06
0.04
相对强度比
L_l/L_α
实验值
理论值
50
100
150
200
250
质子能量 / keV

(c) In

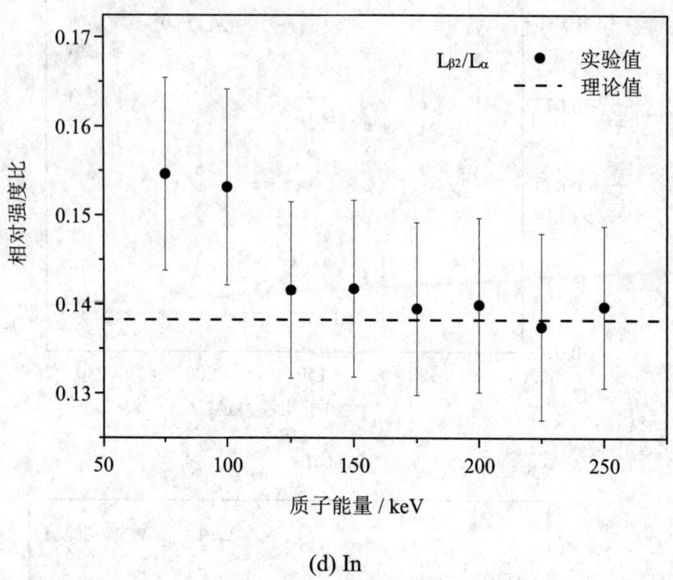

(d) In

图 6.7　质子激发 Cd、In 靶的 L 壳层分支 X 射线相对强度比随入射能的变化

为进一步解释上述 L_{γ} 分支 X 射线相对强度比的变化，我们从理论上分析了质子引起 Cd、In 原子最外 2、3 个壳层电子的电离截面随质子能量的变化，如图 6.8 所示。两者的 4d、5s 以及 In 的 5p 电子的电离截面在本实验能区内均随入射能的增加而减小。考虑到多电离与单电离之间的正相关性，可以推断出 N、O 壳层上多电离度与质子动能成反比，进一步印证了上述的解释。

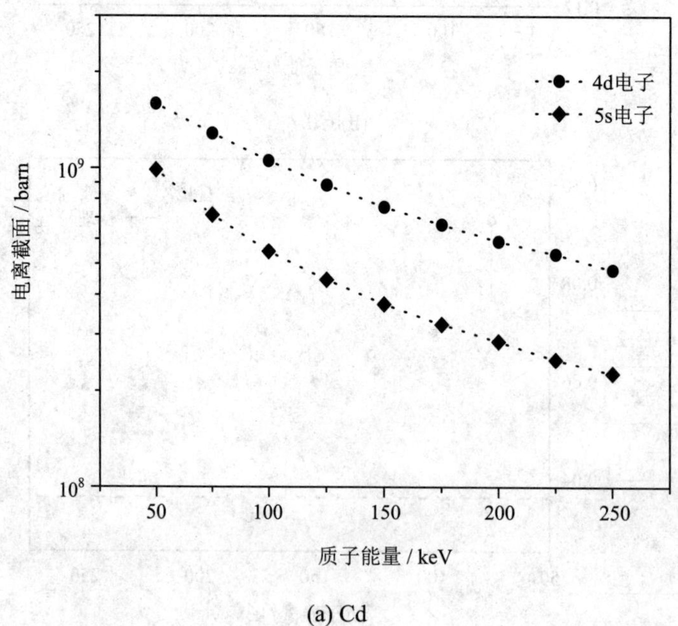

(a) Cd

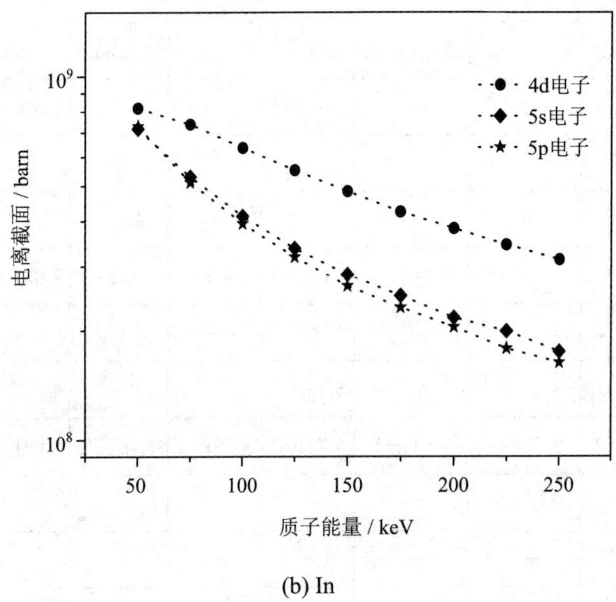

(b) In

图 6.8　质子激发 Cd、In 原子外壳层电子电离的 ECPSSR 理论计算截面

6.2.3　Cd、In 的 L 壳层 X 射线的发射截面

表 6.3 和表 6.4 分别给出了 Cd 和 In 靶 L 壳层各分支和总的 X 射线的发射截面，并根据 Miranda 等人[164]的统计，列出了本实验能区涵盖的相关数据。对于 Cd，原有数据主要来自 Jopson[244]、Sarter[245]、Chmielewski[246]、Kropf[247]、Kreysch[248]和 Miranda[249]等人的实验，其中只有 Kropf 的博士论文中有较为全面的分支 X 射线截面数据，但我们的实验结果不仅将能量扩充到了更低能区的 75 keV，并且是 75～250 keV 能区内的最新最全面的数据。对于 In，现有数据主要来自 Kropf[247]、Kreysch[248]和 Fast[250]等人的实验。除 Kropf 和 Fast 的部分分支截面外，我们的数据也是最为全面的，并且也扩展到了 75 keV 的更低能量。

表 6.3　能量 E 为 75～250 keV 质子激发 Cd 的 L 壳层 X 射线发射截面

E/keV	L_l/barn	$L_{\alpha1,2}$/barn	$L_{\beta1,3,4}$/barn	$L_{\beta2,15}$/barn	L_β/barn	$L_{\gamma1}$/barn	$L_{\gamma2,3}$/barn	L_γ/barn	L_{total}/barn	参考文献
75	0.34E−3	0.63E−2	0.35E−2	0.92E−3	0.44E−2	0.25E−3	0.21E−3	0.46E−3	1.15E−2	本书数据
80	—	—	—	—	—	—	—	—	4.46E−2	[164,248]
90	—	—	—	—	—	—	—	—	7.01E−2	[164,248]
100	—	—	—	—	—	—	—	—	1.10E−1	[164,248]
100	2.94E−3	6.07E−2	2.77E−2	7.47E−3	3.52E−2	2.23E−3	1.68E−3	3.90E−3	1.03E−1	本书数据
120	—	—	—	—	—	—	—	—	2.62E−1	[164,246]
125	1.06E−2	2.28E−1	1.01E−1	2.96E−2	1.31E−1	9.69E−3	5.22E−3	1.49E−2	3.85E−1	本书数据

续表

E/keV	L_ι/barn	$L_{\alpha1,2}$/barn	$L_{\beta1,3,4}$/barn	$L_{\beta2,15}$/barn	L_β/barn	$L_{\gamma1}$/barn	$L_{\gamma2,3}$/barn	L_γ/barn	L_{total}/barn	参考文献
137	1.80E−2	4.93E−1	—	—	2.62E−1	—	—	2.61E−2	7.99E−1	[164,247]
140	—	—	—	—	—	—	—	—	5.30E−1	[164,246]
150	—	—	—	—	—	—	—	—	6.36E−1	[164,248]
150	2.36E−2	5.38E−1	2.33E−1	6.79E−2	3.01E−1	2.12E−2	9.54E−3	3.08E−2	8.93E−1	本书数据
160	—	—	—	—	—	—	—	—	8.30E−1	[164,246]
167	4.06E−2	1.11E+0	—	—	5.15E−1	—	—	4.55E−2	1.71E+0	[164,247]
175	3.49E−2	8.59E−1	3.74E−1	1.01E−1	4.75E−1	3.45E−2	1.49E−2	4.94E−2	1.42E+0	本书数据
180	—	—	—	—	—	—	—	—	1.49E+0	[164,246]
200	—	—	—	—	—	—	—	—	9.80E−1	[164,244]
200	—	—	—	—	—	—	—	—	2.06E+0	[164,246]
200	—	—	—	—	—	—	—	—	2.10E+0	[164,248]
200	6.92E−2	1.60E+0	6.74E−1	1.92E−1	8.66E−1	6.65E−2	2.32E−2	8.97E−2	2.63E+0	本书数据
208	9.50E−2	2.61E+0	—	—	1.25E+0	—	—	1.15E−1	4.06E+0	[164,247]
220	—	—	—	—	—	—	—	—	2.93E+0	[164,246]
225	9.63E−2	2.24E+0	9.02E−1	2.58E−1	1.16E+0	9.11E−2	2.55E−2	1.17E−1	3.61E+0	本书数据
240	—	—	—	—	—	—	—	—	4.11E+0	[164,246]
250	—	3.60E+0	—	—	—	—	—	—	7.20E+0	[164,245]
250	—	—	—	—	—	—	—	—	4.97E+0	[164,248]
250	—	—	—	—	—	—	—	—	1.10E+1	[164,249]
250	1.43E−1	3.24E+0	1.29E+0	3.68E−1	1.66E+0	1.35E−1	3.05E−2	1.66E−1	5.19E+0	本书数据

L 壳层 X 射线的截面分别由式(2.3)和式(3.4)计算得到，L_β 和 L_γ X 射线分别为 $L_{\beta1,3,4}$ 与 $L_{\beta2,15}$、$L_{\gamma1}$ 与 $L_{\gamma2,3,(4)}$的截面之和；L_{total} 为所有分支截面的总和。实验能区内，L_ι 和 L_γ X 射线发射截面约为 10^{-4}～10^{-1} barn，对于 L_α 和 L_β X 射线，截面约为 10^{-3}～10^{1} barn。

表 6.4　能量 E 为 75～250 keV 质子激发 In 的 L 壳层 X 射线发射截面

E/keV	L_ι/barn	$L_{\alpha1,2}$/barn	$L_{\beta1,3,4}$/barn	$L_{\beta2,15}$/barn	L_β/barn	$L_{\gamma1}$/barn	$L_{\gamma2,3,4}$/barn	L_γ/barn	L_{total}/barn	参考文献
75	0.26E−3	0.31E−2	1.76E−3	0.47E−3	2.23E−3	0.10E−3	0.11E−3	0.21E−3	0.58E−2	本书数据
80	—	—	—	—	—	—	—	—	3.13E−2	[164,248]
90	—	—	—	—	—	—	—	—	6.60E−2	[164,248]

续表

E/keV	L_ι/barn	$L_{\alpha1,2}$/barn	$L_{\beta1,3,4}$/barn	$L_{\beta2,15}$/barn	L_β/barn	$L_{\gamma1}$/barn	$L_{\gamma2,3,4}$/barn	L_γ/barn	L_{total}/barn	参考文献
100	—	—	—	—	—	—	—	—	1.21E−1	[164,248]
100	2.08E−3	3.20E−2	1.60E−2	0.49E−2	2.09E−2	1.30E−3	1.14E−3	2.44E−3	5.74E−2	本书数据
118	—	1.30E−1	—	—	6.80E−2	—	—	1.30E−2	2.11E−1	[164,250]
125	7.88E−3	1.33E−1	6.56E−2	1.82E−2	8.38E−2	6.01E−3	3.62E−3	9.63E−3	2.34E−1	本书数据
136	1.35E−2	3.61E−1	—	—	2.12E−1	—	—	2.33E−2	6.10E−1	[164,247]
138	—	3.60E−1	—	—	1.70E−1	—	—	2.90E−2	5.59E−1	[164,250]
150	—	—	—	—	—	—	—	—	9.45E−1	[164,248]
150	—	—	—	—	—	—	—	—	9.90E−1	[164,248]
150	1.70E−2	5.07E−1	1.34E−1	3.92E−2	1.73E−1	1.27E−2	6.93E−3	1.97E−2	7.16E−1	本书数据
158	—	6.20E−1	—	—	2.70E−1	—	—	4.60E−2	9.36E−1	[164,250]
166	3.30E−2	8.82E−1	—	—	4.84E−1	—	—	5.10E−2	1.45E+0	[164,247]
175	2.82E−2	9.79E−1	2.89E−1	8.75E−2	3.77E−1	2.31E−2	8.99E−3	3.21E−2	1.42E+0	本书数据
178	—	9.10E−1	—	—	3.90E−1	—	—	7.90E−2	1.38E+0	[164,250]
198	—	1.40E+0	—	—	5.60E−1	—	—	8.90E−2	2.05E+0	[164,250]
200	—	—	—	—	—	—	—	—	3.09E+0	[164,248]
200	5.19E−2	1.64E+0	5.27E−1	1.52E−1	6.79E−1	6.17E−2	1.77E−2	7.94E−2	2.45E+0	本书数据
207	7.71E−2	2.06E+0	—	—	1.06E+0	—	—	1.06E−1	3.30E+0	[164,247]
218	—	1.93E+0	—	—	7.70E−1	—	—	1.33E−1	2.83E+0	[164,250]
225	6.84E−2	2.12E+0	8.56E−1	2.44E−1	1.10E+0	9.83E−2	2.51E−2	1.23E−1	3.41E+0	本书数据
238	—	2.54E+0	—	—	1.01E+0	—	—	1.69E−1	3.72E+0	[164,250]
250	—	—	—	—	—	—	—	—	6.23E+0	[164,248]
250	9.76E−2	2.91E+0	1.26E+0	3.42E−1	1.60E+0	1.36E−1	2.84E−2	1.65E−1	4.78E+0	本书数据

图 6.9 和图 6.10 给出了本实验结果与现有数据的比较。可以明显看出，除了个别能量点上存在较小的差异外，我们的实验截面与现有的结果基本一致。由于实验条件存在差异，Jopson 和 Miranda 的数据在 200 keV、250 keV 能量时分别约为我们的数据和其他结果的 $\frac{1}{3}$ 和 $\frac{1}{5}$。对于 In 的 L_β、L_γ X 射线，Kropf 的结果比我们的数据大约大了 50%。对于 In 的 L_γ X 射线，当入射能小于 200 keV 时，Fast 的数据大约为本实验结果的 1.5 倍。对于总的 L 壳层 X 射线发射截面(L_{total})，100 keV 时，Kreysch 的数据大约为我们结果的 2 倍。

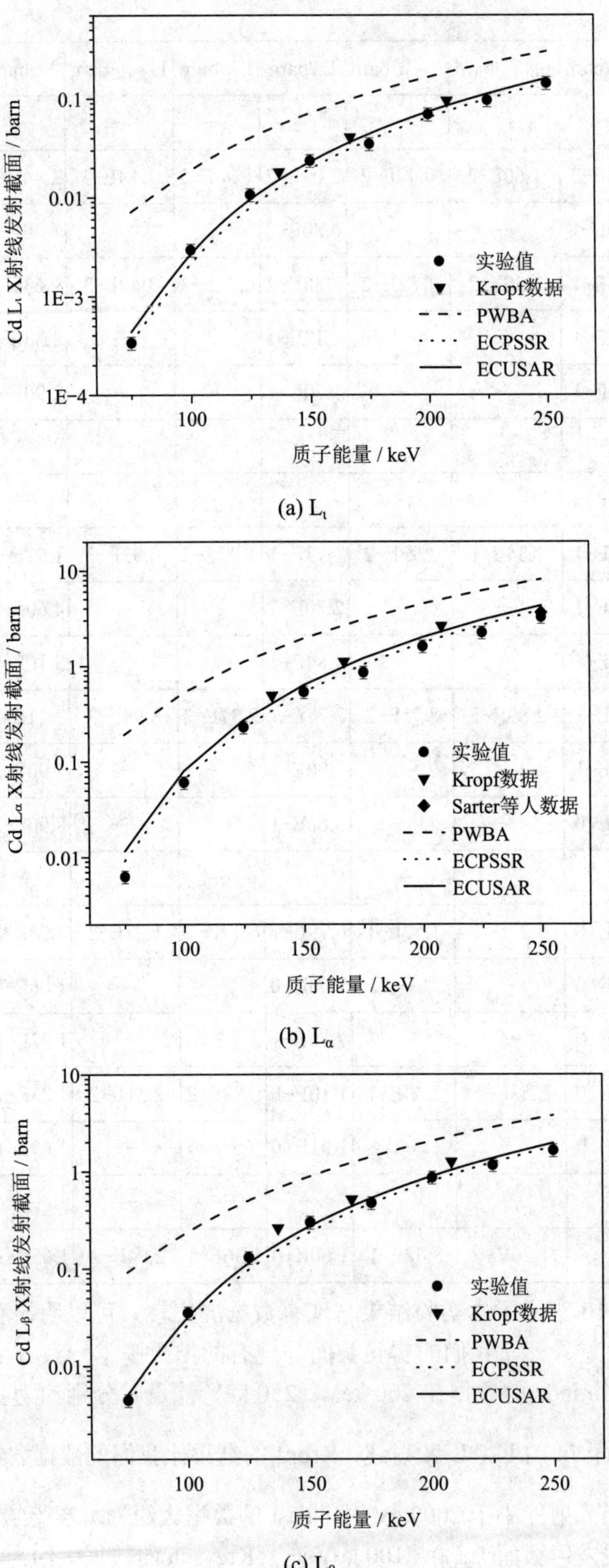

(a) L_l

(b) L_α

(c) L_β

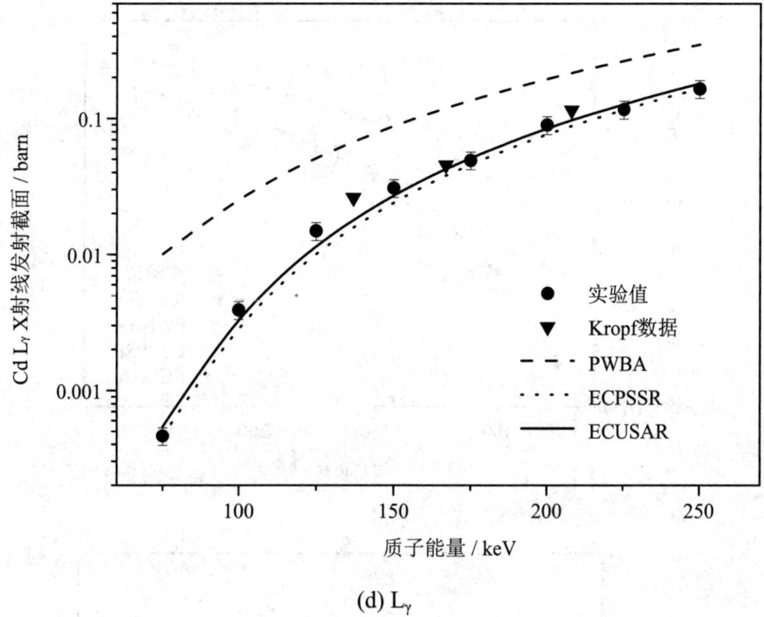

(d) L_γ

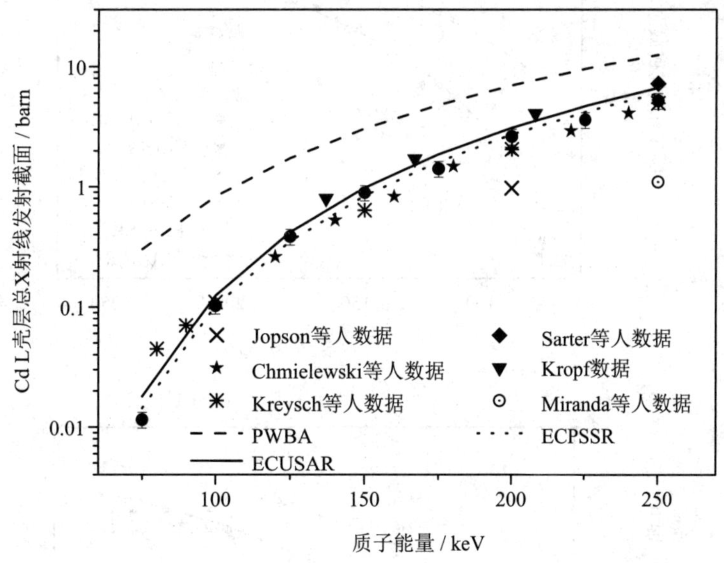

(e) 总的 X 射线发射截面

图 6.9　质子激发 Cd 靶的 L 壳层 X 射线发射截面与不同理论计算及其现有数据的比较

图 6.9 和图 6.10 也比较了 Cd 和 In 靶 L 壳层各分支和总的 X 射线实验截面与 PWBA、ECPSSR 和 ECUSAR 理论计算。理论结果根据式(2.8)～式(2.18)，由 ISICS 程序计算得到，无辐射跃迁概率和荧光产额参数取自 Campbell 的数据库，辐射宽度来自 Scofiled 的计算。ECPSSR 和 ECUSAR 的估算与实验结果符合较好，PWBA 模型高于实验大约 1 个数量级，这说明修正的 PWBA 理论对 X 射线发射截面的估算对于低能质子仍然适用。

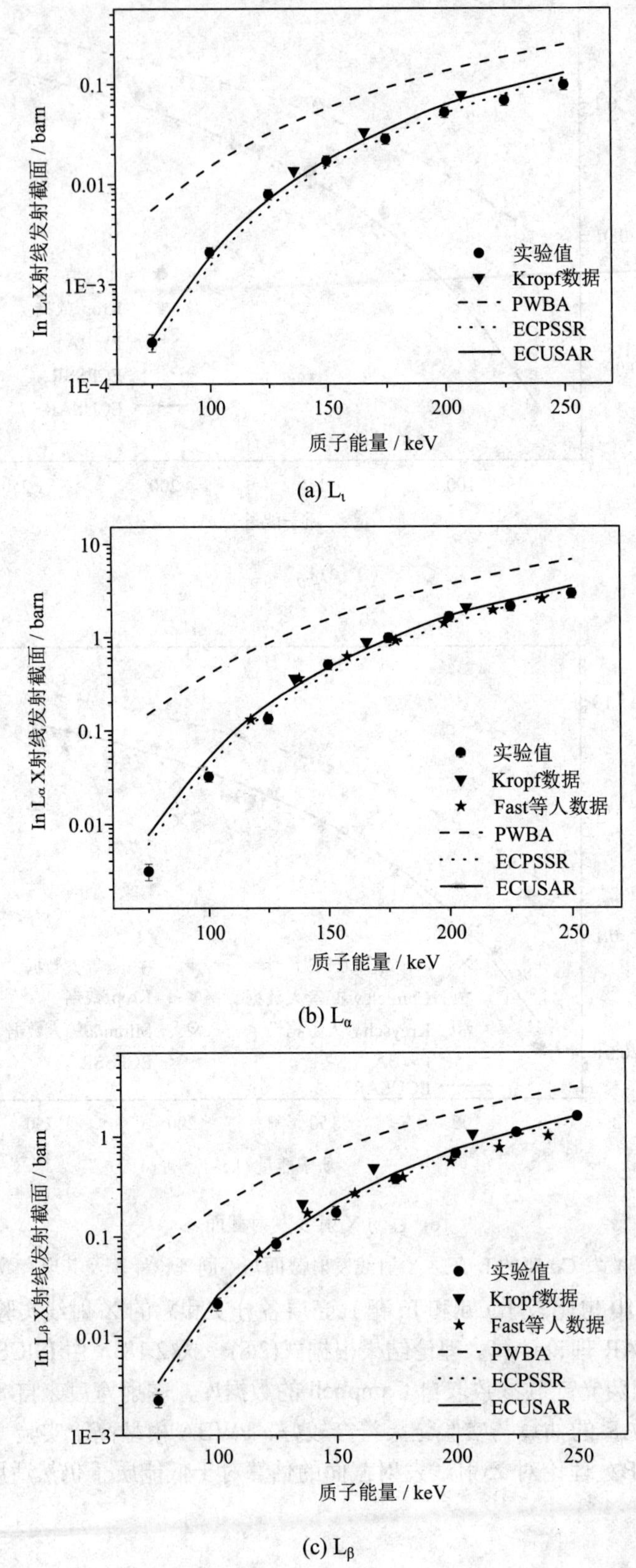

(a) L_{ι}

(b) L_{α}

(c) L_{β}

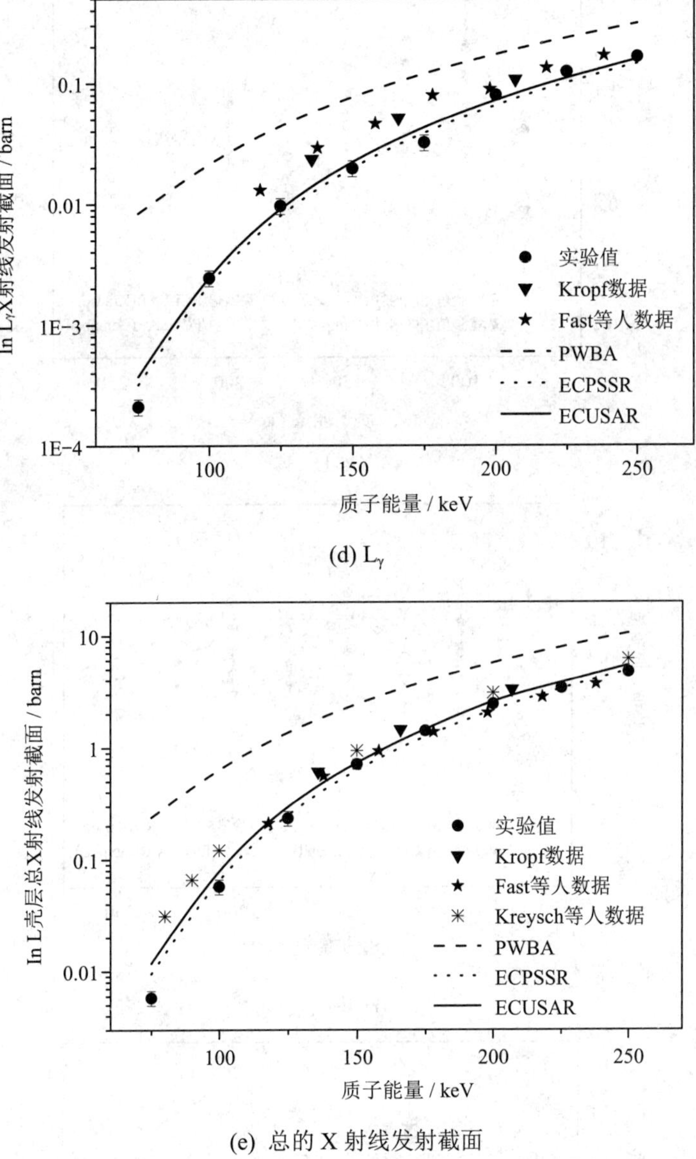

(d) L_γ

(e) 总的 X 射线发射截面

图 6.10　质子激发 In 靶的 L 壳层 X 射线发射截面与不同理论计算及其现有数据的比较

为确定不同原子参数选取对 X 射线发射截面理论估算的影响，图 6.11 和图 6.12 分别给出了 Cd、In 原子 L 壳层总的和各分支 X 射线实验发射截面与使用不同原子参数理论计算结果的比值，其中辐射宽度参数使用 Scofiled 的计算结果，其他参数分别取自 Krause 和 Campbell 的数据统计。同时，这两个图也明确展示了 ECPSSR 和 ECUSAR 两种理论的对比。ECUSAR 估算略大于 ECPSSR 的结果，但是两者之间的差异随质子能量的增加越来越小，对于 L_ι、L_α、L_β、L_γ 和 L_{total} X 射线，该差值平均约为 27%～12%、23%～11%、21%～10%、18%～9%和 25%～11%。

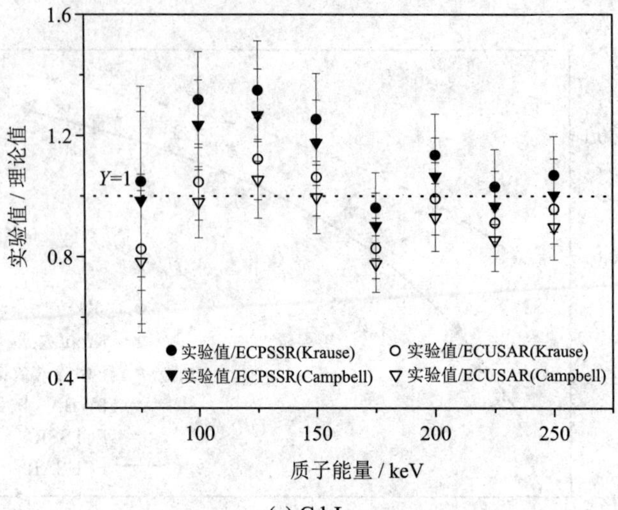

(a) Cd-L_ι

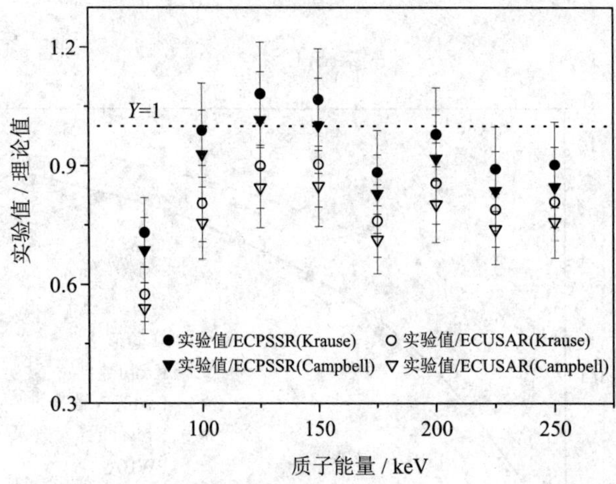

(b) Cd-L_α

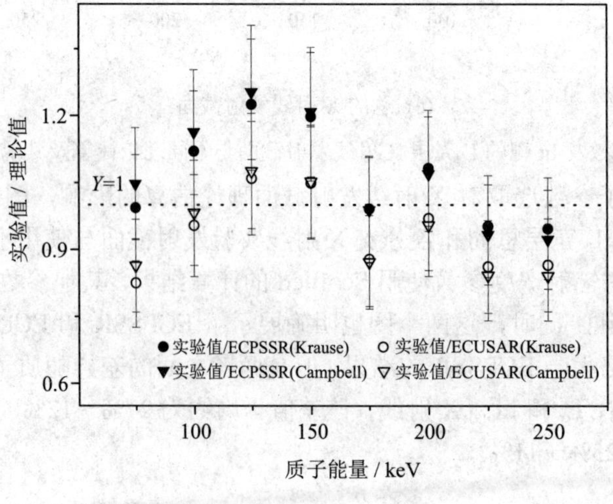

(c) Cd-L_β

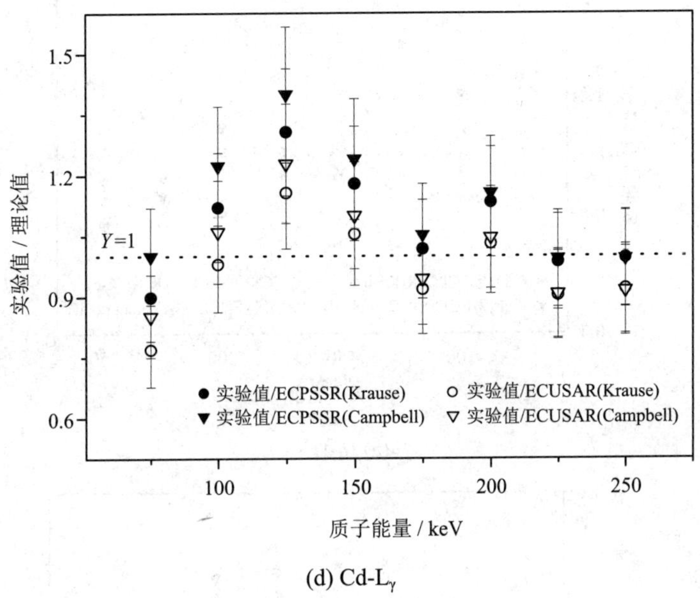

(d) Cd-L_γ

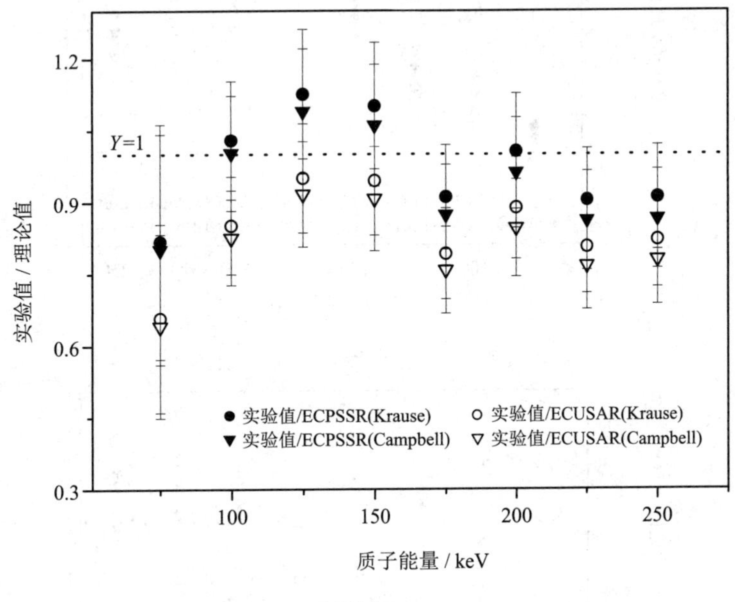

(e) Cd-L_{total}

注：(Krause)表示理论计算时原子参数使用 Krause 的数据库；

(Campbell)表示理论计算时原子参数使用 Campbell 的数据库。

图 6.11　质子激发 Cd 靶的 L 壳层 X 射线发射截面与使用不同原子参数不同理论计算的比较

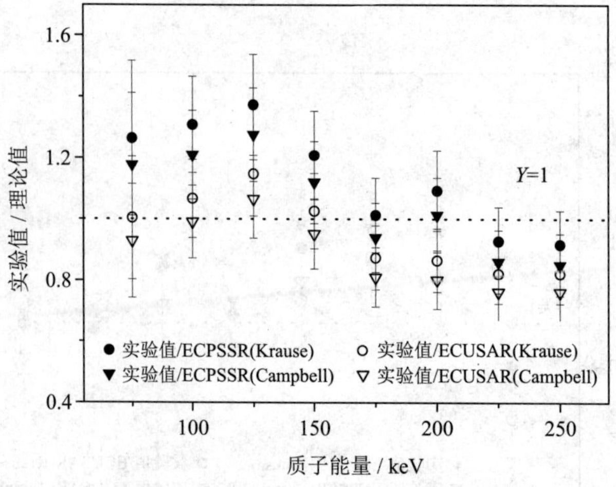

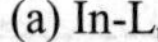

(a) In-L_ι

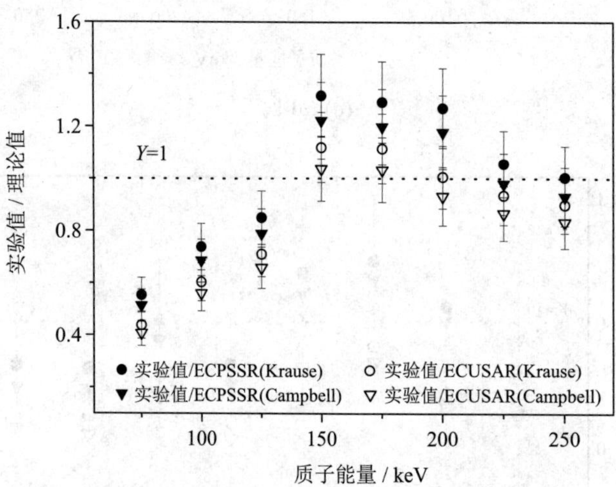

(b) In-L_α

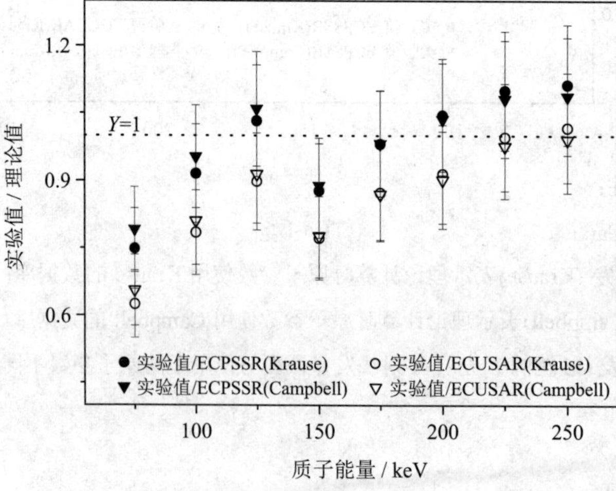

(c) In-L_β

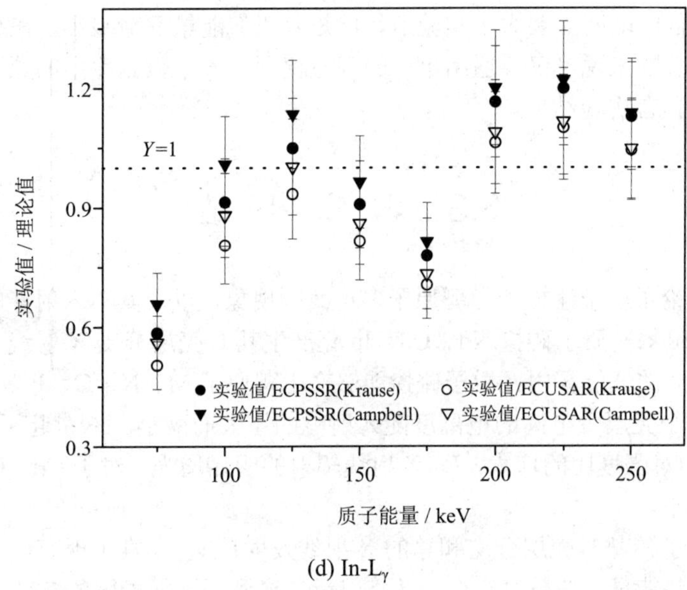

(d) In-L_γ

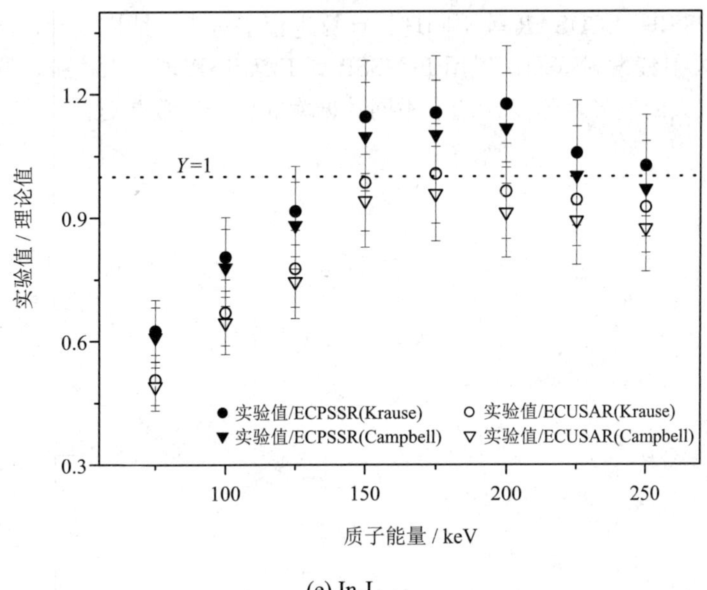

(e) In-L_{total}

注：(Krause)表示理论计算时原子参数使用 Krause 的数据库；

(Campbell)表示理论计算时原子参数使用 Campbell 的数据库。

图 6.12　质子激发 In 靶的 L 壳层 X 射线发射截面与使用不同原子参数不同理论计算的比较

如图 6.11 和图 6.12 所示，使用不同的原子参数会引起理论计算的偏差，但是这种偏差要小于 ECPSSR 与 ECUSAR 两种理论之间的区别。选取不同的谱线原子参数，产生的差值也有所不同。随着质子能量的增加，对于 L_ι 和 L_α X 射线，该差值没有明显的改变，但是，对于 L_β 和 L_γ X 射线，两者的差值是逐渐减小的，而对于总的 X 射线截面，差值是增大的。对于 Cd 靶，如果在不同的能量下任意选择两个数据库的任意参数使用，并且不区分两种理论模型，在实验误差范围内，理论与实验基本符合。然而，对于 In 靶，除了 $L_ι$ X 射线，理论在低能端明显要大于实验值，但是差值随能量逐渐减小，在高能端又趋于与实验结果一致。总的来说，仅仅适用单一的理论模型和一个数据库中的原子参数，理论估算并不能较好地预言实验结果。

6.3 本 章 小 结

本章主要讨论了质子碰撞诱导靶原子多电离的现象，以及其与入射能的关系。实验测量分析了 75～250 keV 质子碰撞 Nd、Cd、In 靶产生其 L 壳层分支 X 射线。研究发现，在能量小于 300 keV 的低能区内，质子碰撞能够产生靶原子 M、N、O、P 等壳层的多电离，但是产生最外几个壳层多电离的电离度随入射能的增大而减小。这引起了靶原子 $L_ι$、$L_{β2}$ 与 $L_α$ X 射线的相对强度比的增大，$L_{γ2}$ X 射线辐射的明显增强，对于 Cd、In 靶，增强幅度随入射能逐渐减小。

本章还计算了各靶 L 壳层分支和总的 X 射线发射截面，丰富了现有质子激发截面的数据库，填充了某些能量点的数据空白，并将能量扩展到了更低能区的 75 keV。将实验截面与 PWBA、ECPSSR、ECUSAR 等不同理论计算进行了对比，结果发现，本实验能区内质子激发 L 壳层 X 射线发射截面可以用 ECPSSR 或 ECUSAR 理论来模拟，联合原子近似的修正不会引起较大的差异，但是，选取不同数据库的原子参数会对估算产生一定的影响。

第 7 章　总　结

7.1　本书的主要结论

玻尔速度能区，也称布拉格峰能区，该能区的 HCI 与原子碰撞的作用过程是对极端条件下原子物理过程研究的重要前沿和热点课题，不仅在天体物理、高能量密度物理等方面具有重要的基础研究意义，并且在特殊材料制备、新能源开发等领域具有广泛的潜在应用价值，相关研究具有特殊的重要性。

近玻尔速度 HCI 碰撞产生内壳层电离的过程有其独到的特殊性。对于小于玻尔速度的低速离子，产生内壳层电离的过程主要为入射离子在靶材表面附近俘获电子的中性化退激；对于快重离子，在特征 X 射线衰减长度的测量范围内，相互作用主要表现为内壳层电子的直接碰撞电离。然而，在近玻尔速度能区，由于入射离子能量比较特殊，碰撞产生内壳层电离的过程极为复杂，一般存在电子俘获和直接电离的双重机制，可以产生入射离子区别于初始电荷态的多电离态、靶原子的外壳层多电离等特殊现象，引起 X 射线辐射特征的改变。

考虑到目前相关研究的局限性，并基于长期的工作基础，本书依托中国科学院近代物理研究所 320 kV 高电荷态离子综合研究平台，利用 Si 漂移 X 射线探测器，通过 X 射线辐射测量的方法，对近玻尔速度 HCI 碰撞产生的多电离现象进行了研究，较为系统地分析了入射离子能量、电荷态以及靶原子序数等参量对该过程的影响，并计算比较了相关 X 射线的发射截面，填补了相关研究的空白，不仅进一步加深了对近玻尔速度 HCI 与原子碰撞作用过程的认识，而且为不透明等离子体的 X 射线辐射诊断积累了实验经验。本书主要的结论如下：

(1) 近玻尔速度的 HCI 与固体碰撞，在电离和俘获的共同作用下，入射离子形成了区别于初始电荷态的多电离态，引起了 K 壳层 X 射线辐射能的蓝移，以及 K_β 与 K_α X 射线相对强度比的增强；在本实验能区内，L 壳层的多电离度与入射离子的速度和初始电荷态基本无关，但随靶原子序数的增加而逐渐减弱。

(2) 近玻尔速度 HCI 碰撞产生入射离子 M、N 等外壳层的多电离态引起了其 L 壳层 X 射线相对强度比的变化，$I(L_\alpha)$与 $I(L_\beta)$的比值与随入射离子电荷态的增加基本不变，但与靶原子序数呈现出近似线性减小的关系。

(3) 近玻尔速度 HCI 碰撞也引起了靶原子的多电离，导致 Al、Si 等中低 Z 元素的 K 壳层特征谱线辐射能增大、半高宽增宽、K_β X 射线的辐射增强。

(4) 低能质子碰撞也会产生外壳层的多电离，引起靶原子 $L_{\gamma 2}$ X 射线出现明显辐射增强；该多电离的电离度与质子的能量密切相关，在本实验能区范围内，其迅速减小，预计在大于 300 keV 时，退化为单电离状态。

(5) 近玻尔速度 HCI 碰撞引起内壳层电子的电离过程，可以看成是入射离子和束缚电子之间经典的两体碰撞过程，其电离截面可以由 BEA 模型给出，但是在估算 X 射线发射截面时，要注意多电离荧光产额的变化。

(6) 低能质子激发 L 壳层 X 射线发射截面可以用 ECPSSR 或 ECUSAR 理论预言，其中联合原子近似引起的差异，相比于实验误差可以忽略，而选择不同数据库的原子参数，会引起理论计算一定的差异。另外，本书将 Cd、In、Nd 元素 L 壳层 X 射线截面的质子激发数据扩展到了更低能区的 75 keV，丰富了 PIXE 数据库，填充了某些能量点的数据空白。

7.2 结　束　语

本书主要针对近玻尔速度 HCI 碰撞激发多电离的现象进行了论述，虽然取得了一定的进展，但是，该能区 HCI 与物质相互作用过程的研究仍存在许多悬而未解的问题，需要进一步的系统实验进行探索和验证。

参考文献

[1] HANAFY H, BJORKHAGE M, LEONTIN S, et al. Observation of internal dielectronic excitation with slow highly charged lead ions hitting surfaces [J]. PhysicaScripta, 2001, T92: 47-50.

[2] SCHENKEL T, HAMZA A V, BARNES A V, et al. Interaction of slow, very highly charged ions with surfaces [J]. Progress in Surface Science, 1999, 61(1-2): 23-84.

[3] MITRA A, SARKAR M, BHATTACHARYA D, et al. Lower and upper bounds on M-shell X-ray production cross sections by heavy ions [J], Nuclear Instruments and Methods in Physics Research Section B: Beam Interactions with Materials and Atoms, 2010, 268(5): 450-459.

[4] 程锐. 高电荷态离子与固体表面相互作用机理研究. 兰州：兰州大学，2010.

[5] HANNSPETER W, FRIEDRICH A. Hollow atoms[J], Journal of Physics B: Atomic, Molecular and Optical Physics,1999, 32(7): R39-R65.

[6] BURGDŐRFER J, LERNERP, MEYER F W. Above-surface neutralization of highly charged ions: The classical over-the-barrier model[J]. Physics Review A, 1991, 44(9): 5674-5685.

[7] FRINK R W, JOPSON R C, MARK H, et al. Atomic Fluorescence Yields [J]. Reviews of Modern Physics, 1966, 38(3): 513-540.

[8] MACHICOANE G A, SCHENKEL T, NIEDERMAYR T R, et al. Internal dielectronic excitation in highly charged ions colliding with surfaces[J]. Physics Review A, 2002, 65(4): 042903.

[9] SCHUCH R, SCHNEIDER D, KNAPP D A, et al. Internal dielectronic excitation in highly charged ions colliding with surfaces [J]. Physics Review Letters, 1993, 70(8): 1073-1076.

[10] THOMAS H C, BEUERMANN K, REINSCH K, et al. Reinsch, K. Identification of soft high galactic latitude RASS X-ray sources. I. A complete count-rate limited sample [J]. Astronomy and Astrophysics, 1998, 335(2): 467-478.

[11] VOGES V, ASCHENBACH B, BOLLER T, et al. The Rosat All-Sky Survey Bright Source Catalog [J] Symposium - International Astronomical Union, 1998, 179(1): 433-434.

[12] HENKE B L, JAANIMAGI P A. Two-channel, elliptical analyzer spectrograph for absolute, time - resolving time - integrating spectrometry of pulsed X-ray sources in the 100-10 000-eV region[J]. Review of Scientific Instruments, 1985, 56(8): 1537-1552.

[13] ROSMEJ O N, PIKUZ-JR S A, WIESER J, et al. Investigation of the projectile ion velocity inside the interaction media by the X-ray spectroicroscopy method [J]. Review of Scientific Instruments, 2003, 74(12): 5039-5047.

[14] ROSMEJ O N, PIKUZ-JR S A, KOROSTIY S, et al. Radiation dynamics of fast heavy

ions interacting with matter [J]. Laser and Particle Beams, 2005, 23(1):79-85.

[15] SAFRONOVA U I, LISINA T G. Atomic constants of autoionization states of ions with Z = 6, 8, 10–42 in the Be isoelectronic sequence [J]. Atomic Data and Nuclear Data Tables, 1979, 24(1): 49-93.

[16] ROSMEJ O N, BLAZEVIC A, KOROSTIY S, et al. Charge state and stopping dynamics of fast heavy ions in dense matter [J]. Physics Review A, 2005, 72(5): 052901.

[17] BRIAND J P, GIARDINO G, BORSONI G, et al. The interaction of slow highly charged ions on surfaces [J]. Review of Scientific Instruments, 2000, 71(2): 627-630.

[18] BRIAND J P, BENHCHOUM M. X-ray characterization of surfaces irradiated with highly charged ions [J]. Nuclear Instruments and Methods in Physics Research Section B: Beam Interactions with Materials and Atoms, 2009, 267(4): 665-668.

[19] FOLKERTS L, MORGENSTERN R. Auger Electrons Resulting from Slow H-Like Ions Neutralized near a Tungsten Surface [J]. Europhysics Letters, 1990, 13(4): 377-382.

[20] GERETSCHLÄGER M, ŠMIT Ž, STEINBAUER E. K-shell ionization cross sections of Al, Si, S, Ca, and Zn for oxygen ions in the energy range 1.1–8 MeV [J]. Physical Review A, 1992, 45(5): 2842-2849.

[21] CIRICOSTS O, VINKO S, CHUNG HK, et al. Direct Measurements of the Ionization Potential Depression in a Dense Plasma [J]. Physical Review Letters, 2012, 109(6): 065002.

[22] ECKER G, KRÖLL W. Lowering of the Ionization Energy for a Plasma in Thermodynamic Equilibrium [J]. 1963, Physics of Fluids, 6(1): 62-69.

[23] STEWART J C, PYATT-JR K D. Lowering of ionization potentials in plasmas [J]. The Astrophysical Journal, 1966, 144(3): 1203-1211.

[24] ZIMMERMAN G B, MORE R M.Pressure ionization in laser-fusion target simulation [J]. Journal of Quantitative Spectroscopy and Radiative Transfer, 1980, 23(5): 517-522.

[25] LINDL J D, AMENDT P, BERGER R L, et al. The physics basis for ignition using indirect-drive targets on the National Ignition Facility [J]. Physics of Plasmas, 2004, 11(2): 339-491.

[26] HU S D, MILITZER B, GONCHAROV V N, et al. Strong Coupling and Degeneracy Effects in Inertial Confinement Fusion Implosions [J]. Physical review letters, 2010, 104(23): 235003.

[27] GRIEM H R. High-Density Corrections in Plasma Spectroscopy [J]. Physical Review, 1962, 128(3): 997-1003.

[28] SCOTT H A. Cretin—a radiative transfer capability for laboratory plasmas [J]. Journal of Quantitative Spectroscopy and Radiative Transfer, 2001, 71(1-2): 689-701.

[29] CHUNG H K, CHEN M H, MORGAN W L, et al. FLYCHK: Generalized population kinetics and spectral model for rapid spectroscopic analysis for all elements [J]. High Energy Density Physics, 2005, 1(1): 3-12.

[30] YEE Y T. A model for ionization balance and L-shell spectroscopy of non-LTE plasmas

[J]. Journal of Quantitative Spectroscopy and Radiative Transfer. 1987, 38(2): 131-145.

[31] GABRIEL A H. Dielectronic Satellite Spectra for Highly-Charged Helium-Like Ion Lines [J]. Monthly Notices of the Royal astronomical society. 1972, 160(1): 99-119.

[32] DUSTON D, DAVIS J. Line emission from hot, dense, aluminum plasmas [J]. Physical Review A, 1980, 21(5): 1664-1676.

[33] MORITA S, FUJITA J. Spatially resolved Kα spectra of two-structure plasmas in a vacuum spark [J]. Applied Physics Letters, 1983, 43(5): 443-445.

[34] CHEN H, SOOM B, YAAKOBI B, et al. Hot-electron characterization from Kα measurements in high-contrast, p-polarized, picosecond laser-plasma interactions [J]. Physical Review Letters, 1993, 70(22): 3431–3434.

[35] SHIGEOKA N, OOHASHI H, TOCHIO T, et al. EXperimental investigation of the origin of the Ti Kα satellites [J]. Physical Review A, 2004, 69(5): 052505.

[36] HANSEN S B, SULZENBACHER G, HUXFORD T, et al. Structures of AplysiaAChBP complexes with nicotinic agonists and antagonists reveal distinctive binding interfaces and conformations [J]. The EMBO Journal, 2005, 24(20): 3635-3646.

[37] HARES J, KILKENNY J, HEY M, et al. Measurement of Fast-Electron Energy Spectra and Preheating in Laser-Irradiated Targets [J]. Physical Review Letters, 1979, 42(18): 1216-1219.

[38] AGLITSKII E V, GOŁTS E Y, DRIKER M N, et al. The structure of Kα and Kβ lines radiated from highly ionisedplasmas[J]. Journal of Physics B: Atomic and Molecular Physics, 2001, 15(13): 2001-2008.

[39] WIDMANN K, BEIERSDORFER P, DECAUX V, et al. Studies of He-like krypton for use in determining electron and ion temperatures in very-high-temperature plasmas [J]. Review of Scientific Instruments, 1995, 66(1): 761-763.

[40] 侯氢,李家明. 高温高密类氢离子光谱线形的研究 [J]. 物理学报, 1972, 37(12): 1972-1980.

[41] 段斌, 李月明, 方泉玉, 等. ICF 中靶丸等离子体的温度和密度的估算[J]. 强激光与粒子束, 2005, 17(1): 55-58.

[42] 段斌, 吴泽清, 王建国. 惯性约束聚变等离子体的光谱诊断(I) [J]. 中国科学G辑: 物理学力学天文学, 2009, 39 (1):43-51.

[43] 孙景文. 高温等离子体 X 射线谱学. 北京: 国防工业出版社, 2003: 76-79.

[44] 段斌, 吴泽清, 王建国. 惯性约束聚变等离子体的光谱诊断(II) [J]. 中国科学 G 辑: 物理学力学天文学, 2009, 39(2): 241-248.

[45] HAMMEL B A, KEANE C J, CABLE C J, et al. X-ray spectroscopic measurements of high densities and temperatures from indirectly driven inertial confinement fusion capsules [J]. Physical Review Letters, 1993, 70(9): 1263-1266.

[46] HANSEN S B, FEANOV A Y, PIKUZ A, et al. Temperature determination using Kα spectra from M-shell Ti ions [J]. Physical Review E, 2005, 72(3): 036408.

[47] ZHOU X M, CHENG R, LEI Y, et al. X-ray emission from 424-MeV/u C ions impacting

on selected target [J]. Chines Physics B, 2016, 25(2): 023402.

[48] JARNSTROM S, DAHLBACKA J, PAKARINEN P, et al. An application of the pixe method: Analysis of trace elements after wet digestion of uterine tissue [J]. 2007, 79(2): 207-213.

[49] PINEDA C A, PEISACH M, JACOBSON, et al. Cation-ratio differences in rock patina on hornfels and chalcedony using thick target PIXE [J]. Nuclear Instruments and Methods in Physics Research Section B: Beam Interactions with Materials and Atoms, 1990, 49(1-2): 332-335.

[50] PINEDA C A, PEISACH M. Prompt analysis of rare earths by high-energy PIXE [J]. Journal of Radioanalytical and Nuclear Chemistry, 2005, 151(2): 387-396.

[51] KLAUSHE, HANS P W, KARL M. Trace Analysis by Heavy Ion Induced X-Ray Emission [J]. MicrochimicaActa, 2000, 133(1-4): 313-317.

[52] BAKRAJI E, AHMDA M, SALMAN N, et al.Dating and classification of Syrian eXcavated pottery from Tell Saka Site, by means of thermoluminescence analysis, and multivariate statistical methods, based on PIXE analysis [J]. Journal of Radioanalytical and Nuclear Chemistry, 2011, 289(2): 423-429.

[53] MOHAMMED N K, SPYROU N M. Trace elemental analysis of rice grown in two regions of Tanzania [J]. Journal of Radioanalytical and Nuclear Chemistry, 2009, 281(1): 79-82.

[54] SIDDIQUE N, WAHEED S, DAUD M, et al. Air quality study of Islamabad: preliminary results [J]. Journal of Radioanalytical and Nuclear Chemistry, 2012, 293(1): 351-358.

[55] FREITAS M C, PACHECO A M G, FERREIRA E. Nutrients and other elements in honey from Azores and mainland Portugal[J]. Journal of Radioanalytical and Nuclear Chemistry, 2006, 270(1): 123-130.

[56] POPESCU I V, ENE A, STIHI C, et al. Analytical Applications of Particle - Induced X-Ray Emission (PIXE) [J]. AIP Conference Proceedings, 2007, 899(1): 538-838.

[57] STIHI C, POPESCU I V, BUSUIOC G, et al. Particle Induced X-ray Emission (PIXE) Analysis of Basella Alba L Leaves [J]. Journal of Radioanalytical and Nuclear Chemistry, 2004, 246(2): 445-447.

[58] ZHANG B, LI Y, LI Q, et al. Non-destructive analysis of early glass unearthed in south China by external-beam PIXE [J]. Journal of Radioanalytical and Nuclear Chemistry, 2004, 261(2): 387-392.

[59] BRIAND J P, BILLY L, CHARLES P, et al. Production of hollow atoms by the excitation of highly charged ions in interaction with a metallic surface [J]. Physical Review Letters, 1990, 65(2): 159-162.

[60] SCHULZ M, COCKE C L, HAGMANN S, et al. X-ray emission from slow highly charged Ar ions interacting with a Ge surface [J]. Physical Review A, 1991, 44(3): 1653-1658.

[61] BRIAND J P, THURIEZ S, GIARDINO G, et al. Observation of Hollow Atoms or Ions

above Insulator and Metal Surfaces [J]. Physical Review Letters, 1996, 77(8): 1452-1455.

[62] FACSKO S, KOST D, KELLER A, et al. Interaction of highly charged ions with insulator surfaces [J]. Radiation Physics and Chemistry, 2007, 76(3): 378-391.

[63] BRIAND J P, THURIEZ S, GIARDINO G, et al. Sébenne, C. Observation of Hollow Atoms or Ions above Insulator and Metal Surfaces [J]. Physical Review Letters, 1996, 77(8): 1452-1455.

[64] SCHULZ M, COCKE C L, HAGMANN S, et al. X-ray emission from slow highly charged Ar ions interacting with a Ge surface [J]. Physical Review A, 1991, 44(3): 1653-1658.

[65] D'ETAT B, BRIAND J P, BAN G, et al. ions on metallic surfaces at grazing incidence [J]. Physical Review A, 1993, 48(2), 1098-1106.

[66] WINECKI S, COCKE C L, FRY D, et al. Neutralization and equilibration of highly charged argon ions at grazing incidence on a graphite surface [J]. Physical Review A, 1996, 53(6): 4228-4237.

[67] YAMADA C, NAGATA K, NAKAMURA N, et al. Injection of metallic elements into an electron-beam ion trap using a Knudsen cell [J]. Review of Scientific Instruments, 2006, 77(6), 066110.

[68] WATANABE H, ABE T, FUJITA Y, et al. X-ray emission in slow highly charged ion-surface collisions [J]. Journal of Physics: Conference Series, 2007, 58(1): 339-342.

[69] HATTASS M, SCHENKEL T, HAMZA A V, et al. Charge Equilibration Time of Slow, Highly Charged Ions in Solids [J]. Physical Review Letters, 1999, 82(24): 4795-4798.

[70] SCHUCH R, MADZUNKOV S, LINDROTH E, et al. Fry, Unexpected x-ray Emission due to Formation of Bound Doubly Excited States [J]. Physical Review Letters, 2000, 85(26): 5559-5562.

[71] AUMAYR F, KURZ H, SCHEIDER D, et al. E. Emission of electrons from a clean gold surface induced by slow, very highly charged ions at the image charge acceleration limit [J]. Physical Review Letters, 1993, 71(12): 1943-1946.

[72] LEMELL C, BURGDÖRFER J, AUMAYR F. Interaction of charged particles with insulating capillary targets – The guiding effect [J]. Progress in Surface Science, 2013, 88(3): 237-278.

[73] TÖKĚSI K, WIRTZ L, LEMELL C, et al. Charge-state evolution of highly charged ions transmitted through microcapillaries [J]. Physical Review A, 2000, 61(2): 020901.

[74] NINOMIYA S, YAMAZAKI Y, AZUMA T, et al. Stabilized hollow atoms (ions) produced with slow multiply charged ions passed through metallic microcapillaries [J]. PhysicaScripta, 1997, T73(1): 316-317.

[75] NINOMIYA S, YAMAZAKI Y, KOIKE F, et al. Stabilized Hollow Ions EXtracted in Vacuum [J]. Physical Review Letters, 1997, 78(24): 4557-4560.

[76] LWAI Y, MURAKOSHI D, KANAI Y, et al. High-resolution soft X-ray spectroscopy of 2.3 keV/u N^{7+} ions through a microcapillary target [J]. Nuclear Instruments and Methods

in Physics Research Section B: Beam Interactions with Materials and Atoms, 2002, 193(1-4): 504-507.

[77] KANAI Y, NAKAI Y, LWAI Y, et al. X-ray measurements of highly charged Ar ions passing through a Ni microcapillary: Coincidence of L X-rays and final charge states [J]. Nuclear Instruments and Methods in Physics Research Section B: Beam Interactions with Materials and Atoms, 2005, 233(1-4): 103-110.

[78] YAMAZAKI Y. A microcapillary target as a metastable hollow ion source [J]. Nuclear Instruments and Methods in Physics Research Section B: Beam Interactions with Materials and Atoms, 2002, 193(1-4): 516-522.

[79] MORISHITA Y, HUTTON R, TORII H A, et al. Direct observation of the initial-state distribution of the first electron transferred to slow highly charged ions interacting with a metal surface [J]. Physical Review A, 2004, 70(1): 012902.

[80] KAVANAGH T M, DER R C, FORTNER R J, et al. X-Rays in Heavy-Ion—Atom Collisions [J]. Physical Review A, 1973, 8(5): 2322-2335.

[81] DHAL B B, LOKESH C, TRIBEDI U, et al. State-selective K-K electron transfer and K ionization cross sections for Ar and Kr in collisions with highly charged C, O, F, S, and Cl ions at intermediate velocities [J]. Physical Review A, 2000, 62(2): 022714.

[82] FORTNER R J, CURRY B P, DER R C, et al. X-ray Production in C+ - C Collisions in the Energy Range 20 keV to 1.5 MeV [J]. Physical Review, 1969, 185(1): 164-167.

[83] TAWARA H, RICHARD P. Ar K X-ray production in slow, highly charged Ar^{q+}(q = 8–18) + Ar collisions [J]. Canadian Journal of Physics, 2002, 80(12): 1579-1589.

[84] BARAT M, LICHTEN W. Extension of the Electron-Promotion Model to Asymmetric Atomic Collisions [J]. Physical Review A, 1972, 6(1): 211-229.

[85] GARCIA J D, FORTNER R J, KAVANAGH T M. Inner-Shell Vacancy Production in Ion-Atom Collisions [J]. Reviews of Modern Physics, 1973, 45(2): 111-177.

[86] FOSTER C, HOOGKAMER T P, WOERLEE P, et al. An estimate of direct Coulomb K-shell vacancy production in heavy ion-atom collisions [J]. Journal of Physics B: Atomic and Molecular Physics, 1976, 9(11): 1943-1951.

[87] REYES-HERRERA J, MIRANDA J. K X-ray emission induced by $^{12}C^{4+}$ and $^{16}O^{5+}$ ion impact on selected lanthanoids [J]. Nuclear Instruments and Methods in Physics Research Section B: Beam Interactions with Materials and Atoms, 2009, 267(10): 1767-1771.

[88] MIRANDA J, LUCIO O G, TĚLLEZ E B, et al. Multiple ionization effects on total L-shell X-ray production cross sections by proton impact [J]. Radiation Physics and Chemistry, 2004, 69(4): 257-263.

[89] KADHANE U, MONTANARI C C, TRIBEDI L C. Experimental study of K-shell ionization of low- <i>Z</i> solids in collisions with intermediate-velocity carbon ions and the local plasma approximation [J]. Journal of Physics B: Atomic, Molecular and Optical Physics, 2003, 36(14): 3043-3054.

[90] OUZIANE S, AMOKRANE A. New Experimental Cross-Section Measurements for Cr

and Cu and Comparison with Model Predictions [J]. MicrochimicaActa, 2002, 139(1-4): 131-133.

[91] SOARES C G, LEAR R D, SANDER J T, et al. K-shell X-ray production cross sections for 1.0-4.4-MeV α particles on selected thin targets of Z=22-34 [J]. Physical Review A, 1976, 13(3): 953-957.

[92] THORNTON S T, MCKNIGHT R H, KARLOWICZ R R. L- and M- shell ionization of various elements by fast -α- particle bombardmen [J]. Physical Review A, 1974, 10(1): 219-224.

[93] MEYERHOF W E, ANHOLT R, EICHLER J, et al. K-vacancy production in heavy-ion collisions. IV. K−L level matching [J]. Physical Review A, 1978, 17(1): 108-119.

[94] MEYERHOF W E, ANHOLT R, SAYLOR T K, et al. K-vacancy production in heavy-ion collisions. I. EXperimental results for Z⩾35 projectiles [J]. Physical Review A, 1976, 14(5): 1653-1661.

[95] TANIS J A, SHAFROTH S M, JACOBS W W, et al. K-shell X-ray production in $_{19}$K, $_{22}$Ti, $_{25}$Mn, and $_{35}$Br by 20-80-MeV $_{17}$Cl ions [J]. Physical Review A, 1985, 31(2): 750-758.

[96] MIRANDA J, ROMO-KRŐGER C, LUGO-LICONA M. Effect of atomic parameters on L-shell X-ray production cross-sections by proton impact with energies below 1 MeV [J]. Nuclear Instruments and Methods in Physics Research Section B: Beam Interactions with Materials and Atoms, 2002, 189(1-4): 21-26.

[97] LUGO-LICONA M, MIRANDA J, ROMO-KRŐGER C. L-shell X-ray production cross section measured by heavy ion impact on selected rare earth elements [J]. Journal of Radioanalytical and Nuclear Chemistry, 2004, 262(2): 391-401.

[98] LUGO-LICONA M, MIRANDA J. L-Shell X-ray production cross-sections by impact of 5.0 to 7.5 MeV 10B2+ ions on selected rare earth elements [J]. Nuclear Instruments and Methods in Physics Research Section B: Beam Interactions with Materials and Atoms, 2004, 219-220: 289-293.

[99] LUGO-LICONA M, MIRANDA J. L - Shell X-ray production cross sections by $^{12}C^{4+}$ and $^{16}O^{4+}$ Impact on Rare Earth Elements [J]. AIP Conference Proceedings, 2002, 674(1): 389-394.

[100] SARKADI L, MUKOYAMA T. Measurements of L X-ray production and subshell ionisation cross sections of gold by light- and heavy-ion bombardment in the energy range 0.4-3.4 MeV [J]. Journal of Physics B: Atomic and Molecular Physics, 1980, 13(11), 2255-2268.

[101] YANG Z H, DU S B, CHANG H W, et al. Measurement of $^{16}O^{5+}$ Induced L X-ray Production Cross Sections for Gold [J]. Chinese Physics Letters, 2009, 26(10): 103202.

[102] ERTUĞRUL M, KAYA A, DOĞAN O, et al. Measurement of L subshell X-ray production cross-sections at energy 31.635 keV and L subshell fluorescence yields for elements 740 $\leqslant Z \leqslant$ 92 [J]. X-ray Spectrometry, 2002, 31(1): 53-56.

[103] XU J Z, DU J, CHEN X M, et al. L-Shell X-ray Yields and Production Cross Sections of

Zr and Mo Bombarded by Slow Highly Charged Ar^{16+} Ions [J]. Chinese Physics Letters, 2008, 25(5): 1649-1652.

[104] GUGIU M M, CIORTEA C, DUMITRIU DE, et al. Pt L X-ray production cross section by 12C, 16O, 32S and 48Ti ion-beams in the MeV/u energy range [J]. Romanian Journal of Physics, 2011, 56(1-2): 71-79.

[105] LAPICKI G. Evaluation of cross sections for Lα X-ray production by up to 4 MeV protons in representative elements from silver to uranium [J]. Journal of Physics B: Atomic, Molecular and Optical Physics, 2009, 42(14): 145204.

[106] ERTUGRUL M. Measurement of L X-ray Production Cross-sections at 5.96 keV and Average L and M Shell Fluorescence Yields of Elements in the Atomic Number Range $40 \leqslant Z \leqslant 55$ [J]. Physica Scripta, 2002, 65(1): 323-327.

[107] SANTRA S, MANDAL A C, MOTRA D, et al. Kα X-ray satellite of Si and P induced by photons [J]. Nuclear Instruments and Methods in Physics Research Section B: Beam Interactions with Materials and Atoms, 2002, 197(1-2): 1-10.

[108] MITRA D, MANDAL A C, SARKAR M, et al. M X-ray production cross-sections of gold and lead by 4 to 12 MeV carbon ions [J]. Nuclear Instruments and Methods in Physics Research Section B: Beam Interactions with Materials and Atoms, 2001, 186(3-4): 171-177.

[109] BRAICH J S, GOYAL D P, MANDAL A, et al. Measurement of L X-ray intensity ratios in tantalum by proton and Si-ion impact [J]. Nuclear Instruments and Methods in Physics Research Section B: Beam Interactions with Materials and Atoms, 1996, 111(1-2): 22-26.

[110] WANG X, ZHAO Y T, CHENG R, et al. Multiple ionization effects in M X-ray emission induced by heavy ions [J]. Physics Letters A, 2012, 376(14): 1197-1200.

[111] WANG X, ZHAO Y T, CHENG R, et al. K-shell ionization of Al induced by ions near the threshold energy [J]. K-shell ionization of Al induced by ions near the threshold energy. PhysicaScripta, 2013, T156(1): 014029.

[112] CZARNOTA M, BANAŚ D, BRAIEWICZ J, et al. X-ray study of M-shell ionization of heavy atoms by 8.0–35.2-MeV O q+ ions: The role of the multiple-ionization effects[J]. Physical Review A, 2009, 79(3): 032710.

[113] YESHPAL S, TRIBEDI L C. M-shell X-ray production cross sections of Bi induced by highly charged F ions [J]. Nuclear Instruments and Methods in Physics Research Section B: Beam Interactions with Materials and Atoms, 2003, 205: 794-798.

[114] SINGH Y P, MISRA D, KADHANE U, et al. Line-resolved M-shell X-ray production cross sections of Pb and Bi induced by highly charged C and F ions [J], Physics Letters A, 2006, 73(3): 031712.

[115] YESHPAL S, TRIBEDI L C. M-subshell X-ray production cross sections of Au induced by highly charged F, C, and Li ions and protons: A large enhancement in the M 3 fluorescence yield[J]. Physical Review A, 2002, 66(6): 062709.

[116] GRYZIŃSKI M. Classical Theory of Atomic Collisions. I. Theory of Inelastic Collisions [J]. Collisions. Physical Review, 1965, 138(2A): A336-A358.

[117] ZHAO Y T, XIAO G Q, ZHANG X A, et al. Threshold kinetic energy for gold X-ray emission induced by highly charged ions[J]. International Journal of Modern Physics B, 2005, 19(15-17): 2486-2490.

[118] LUTZ H O, MCMURRAY W R, PRETORIUS R, et al. Threshold behaviour of L X-ray excitation in Xe-Ag collisions[J]. Journal of Physics B: Atomic and Molecular Physics, 1978, 11(14): 2527-2531.

[119] MCMURRAY W R, PRETORIUS R, VAN-REENEN R J, et al. Impact parameter dependence of K X-ray eXcitation in low energy Ar-Ar collisions[J]. South African Journal of Physics, 1978, 1(3-4): 236-237.

[120] AZORDEGAN A R, SUN H L, YU Y C, et al. Charge state dependence of copper L-shell X-ray production by 4-14 MeV oXygen ions[J]. Journal of Physics B: Atomic, Molecular and Optical Physics, 1997, 30(2): 353-364.

[121] SUN H L, YU Y C, LIN E K, et al. Charge-state dependence of K-shell X-ray production in aluminum by 2–12-MeV carbon ions[J]. Physical Review A, 1996, 53(6): 4190-4197.

[122] WARCZAK A, LIESEN D, MAOR D, et al. K and L X-ray excitation in very-heavy-ion-atom collisions near KL level matching[J]. Journal of Physics B: Atomic and Molecular Physics, 1983, 16(9): 1575-1594.

[123] WARCZAK A, LIESEN D, MACDONALD J R, et al. Charge state dependence of characteristic X-ray emission under single collision conditions for 1.4 MeV/amu Cu ions[J]. Zeitschriftfür Physik A Atoms and Nuclei, 1978, 285(3): 235-240.

[124] LENNARD W N, MITCHELL I V, BALL G C, et al. Charge-state dependence of characteristic K X-ray emission in near-symmetric and asymmetric collisions [J]. Physical Review A, 1981, 23(5): 2260-2266.

[125] GRAY T J, RICHARD P, JAMISON K A, et al. Role of residual K-shell vacancies in solid target X-ray cross sections[J]. Physical Review A, 1976, 14(4): 1333-1337.

[126] MARTIN F W, CACAK R K. Projectile-charge dependence of the K X-ray emission cross section of carbon bombarded by megavolt nitrogen ions[J]. Physical Review A, 1976, 13(2): 643-648.

[127] MACDONALD J R, BROWN M D, CZUCHLEWSKIS J, et al. Charge dependence of K X-ray production in nearly symmetric collisions of highly ionized S and Cl ions in gases[J]. Physical Review A, 1976, 14(6): 1997-2009.

[128] WATSON R L, BLACKADAR J M, HORVAT V. Projectile Z dependence of Cu K-shell vacancy production in 10-MeV/amu ion-solid collisions[J]. Physical Review A, 1999, 60(4): 2959-2969.

[129] WATSON R L, HORVAT V, BLACKADAR J M, et al. Projectile Z dependence of Al K-shell vacancy production in 10-MeV/amu ion-solid collisions[J]. Physical Review A,

2000, 62(5): 052709.

[130] GARDNER R K, GRAY T J, RICHARD P, et al. Target thickness dependence of Cu K X-ray production for ions moving in thin solid Cu targets[J]. Physical Review A, 1977, 15(6): 2202-2211.

[131] TAWARA H, RICHARD P, GRAY T J, et al. Si K-shell ionization and electron transfer cross sections: Solid targets[J]. Physical Review A, 1978, 18(4): 1373-1380.

[132] GRAY T J, RICHARD P, GEALY G, et al. Al K X-ray production for incident O 16 ions: The influence of target thickness effects on observed target X-ray yields[J]. Physical Review A, 1979, 19(4): 1424-1432.

[133] BRANDT W, LAUBERT R, MOURINO M, et al. Dynamic screening of projectile charges in solids measured by target X-ray emission[J]. Physical Review Letters, 1973, 30(9): 358-361.

[134] TANIS J A, SHAFROTH S M, JACOBS W W, et al. K-shell X-ray production in 19 K, $_{22}$Ti, $_{25}$Mn, and $_{35}$Br by 20-80-MeV $_{17}$Cl ions[J]. Physical Review A, 1985, 31(2): 750-758.

[135] LAPICKI G, MURTY G A V R, RAJU G J N, et al. Effects of multiple ionization and intrashell coupling in L-subshell ionization by heavy ions[J]. Physical Review A, 2004, 70(6): 062718.

[136] CZARNOTA M, PAJEK M, BANAS D, et al. Multiple ionization effects in X-ray emission induced by heavy ions[J]. Brazilian Journal of Physics, 2006, 36(2b): 546-549.

[137] SŁABKOWSKA K, POLASIK M. Effect of L-and M-shell ionization on the shapes and parameters of the K X-ray spectra of sulphur[J]. Nuclear Instruments and Methods in Physics Research Section B: Beam Interactions with Materials and Atoms, 2003, 205: 123-127.

[138] BHATTACHARYA D, KURI G, MAHAPATRA D P, et al. Heavy ion induced multiple ionization in gold[J]. Zeitschriftfür Physik D Atoms, Molecules and Clusters, 1993, 28(2): 123-125.

[139] SINGH Y, TRIBEDI L C. M-subshell X-ray production cross sections of Au induced by highly charged F, C, and Li ions and protons: A large enhancement in the M 3 fluorescence yield[J]. Physical Review A, 2002, 66(6): 062709.

[140] HOPKINS F, ELLIOTT D O, BHALLA C P, et al. Multiple inner-shell ionization of aluminum by high-velocity medium-Z beams[J]. Physical Review A, 1973, 8(6): 2952-2959.

[141] HATKE N, DIRSKA M, GRETHER M, et al. Surface Channeling Experiments at 20 MeV and Resonant Coherent Excitation of N 6+ Ions[J]. Physical review letters, 1997, 79(18): 3395-3398.

[142] ITO T, TAKABAYASHI Y, KOMAKI K, et al. De-excitation X-rays from resonant coherently excited 390 MeV/u hydrogen-like Ar ions[J]. Nuclear Instruments and Methods in Physics Research Section B: Beam Interactions with Materials and Atoms,

2000, 164: 68-73.

[143] AZUMA T, MURANAKA T, TAKABAYASHI Y, et al. Angular distribution of X-ray emission from resonant coherently excited highly-charged heavy ions[J]. Nuclear Instruments and Methods in Physics Research Section B: Beam Interactions with Materials and Atoms, 2003, 205: 779-783.

[144] KONDO C, TAKABAYASHI Y, MURANAKA T, et al. X-ray yields from high-energy heavy ions channeled through a crystal: their crystal thickness and projectile dependences[J]. Nuclear Instruments and Methods in Physics Research Section B: Beam Interactions with Materials and Atoms, 2005, 230(1-4): 85-89.

[145] KUMAR A, AGNIHOTRI A N, CHATTERJEE S, et al. L 3-subshell alignment of Au and Bi in collisions with 12–55-MeV carbon ions[J]. Physical Review A, 2010, 81(6): 062709.

[146] FRITZSCHE S, KABACHNIK N M, SURZHYKOV A. Angular distribution of the dielectronic satellite lines from relativistic high-Z ions: Multipole-miXing effects[J]. Physical Review A, 2008, 78(3): 032703.

[147] YAMAOKA H, OURA M, TAKAHIRO K, et al. Angular distribution of Au and Pb L X rays following photoionization by synchrotron radiation[J]. Physical Review A, 2002, 65(6): 062713.

[148] MCGUIRE J H, RICHARD P. Procedure for computing cross sections for single and multiple ionization of atoms in the binary-encounter approximation by the impact of heavy charged particles[J]. Physical Review A, 1973, 8(3): 1374-1384.

[149] JOHNSON D E, BASBAS G, MCDANIEL F D. Nonrelativistic plane-wave Born-approximation calculations of direct Coulomb M-subshell ionization by charged particles[J]. Atomic Data and Nuclear Data Tables, 1979, 24(1): 1-11.

[150] BRANDT W, LAPICKIapicki G. Energy-loss effect in inner-shell Coulomb ionization by heavy charged particles[J]. Physical Review A, 1981, 23(4): 1717-1729.

[151] LAPICKI G. The status of theoretical L-subshell ionization cross sections for protons[J]. Nuclear Instruments and Methods in Physics Research Section B: Beam Interactions with Materials and Atoms, 2002, 189(1-4): 8-20.

[152] OPPENHEIMER J R. On the quantum theory of the capture of electrons[J]. Physical review, 1928, 31(3): 349-356.

[153] BRINKMAN H C. Brownian motion in a field of force and the diffusion theory of chemical reactions.II[J]. Physica, 1956, 22(1-5): 149-155.

[154] BRINKMAN H C. On Kramers' general theory of Brownian motion[J]. Physica, 1957, 23(1-5): 82-88.

[155] MEYERHOFW E, ANHOLT R, SAYLOR T K, et al. K-vacancy production in heavy-ion collisions. I. Experimental results for Z⩾35 projectiles[J]. Physical Review A, 1976, 14(5): 1653-1661.

[156] LAPICKI G. Cross sections for K-shell X-ray production by hydrogen and helium ions

in elements from beryllium to uranium[J]. Journal of physical and chemical reference data, 1989, 18(1): 111-218.

[157] PAUL H, SACHER J. Fitted empirical reference cross sections for K-shell ionization by protons[J]. Atomic Data and Nuclear Data Tables, 1989, 42(1): 105-156.

[158] PIA M G, WEIDENSPOINTNER G, AUGELLI M, et al. PIXE simulation with Geant4[J]. IEEE transactions on nuclear science, 2009, 56(6): 3614-3649.

[159] MANTERO A, BEN-ABDLOUAHED H, CHAMPION C, et al. PIXE simulation in Geant4[J]. X-Ray Spectrometry, 2011, 40(3): 135-140.

[160] LAPICKI G. The status of theoretical K - shell ionization cross sections by protons[J]. X - Ray Spectrometry: An International Journal, 2005, 34(4): 269-278.

[161] BRANDT W, LAPICKI G. Energy-loss effect in inner-shell Coulomb ionization by heavy charged particles[J]. Physical Review A, 1981, 23(4): 1717-1729.

[162] KAHOUL A, NEKKAB M, DEGHFEL B. Empirical K-shell ionization cross-sections of elements from $_{4}$Be to $_{92}$U by proton impact [J]. Nuclear Instruments and Methods in Physics Research Section B: Beam Interactions with Materials and Atoms, 2008, 266(23): 4969-4975.

[163] DEGHFEL B, KAHOUL A, NEKKAB M. New semi - empirical formulas for calculation of K - shell ionization cross sections of elements from beryllium to uranium by proton impact[J]. X-Ray Spectrometry, 2010, 39(4): 296-301.

[164] MIRANDA J, LAPICKI G. Experimental cross sections for L-shell X-ray production and ionization by protons[J]. Atomic data and nuclear data tables, 2014, 100(3): 651-780.

[165] HARDT T L, WATSON R L. Cross sections for L-shell X-ray and Auger-electron production by heavy ions[J]. Atomic Data and Nuclear Data Tables, 1976, 17(2): 107-125.

[166] SOKHI R S, CRUMPTON D. Experimental L-shell X-ray production and ionization cross sections for proton impact[J]. Atomic data and nuclear data tables, 1984, 30(1): 49-124.

[167] ORLIC I, SOW C H, TANG S M. Experimental L-shell X-ray production and ionization cross sections for proton impact[J]. Atomic data and nuclear data tables, 1994, 56(1): 159-210.

[168] MIRANDA J, ROMO-KRŐGER C, LUGO-LICONA M. Effect of atomic parameters on L-shell X-ray production cross-sections by proton impact with energies below 1 MeV[J]. Nuclear Instruments and Methods in Physics Research Section B: Beam Interactions with Materials and Atoms, 2002, 189(1-4): 21-26.

[169] LAPICKI G, MEHTA R, DUGGAN J L, et al. Multiple outer-shell ionization effect in inner-shell X-ray production by light ions[J]. Physical Review A, 1986, 34(5): 3813.

[170] CIPOLLA S J, HILl B P. Relative intensities of L X-rays excited by 75–300 keV proton impact on elements with Z=39–50[J]. Nuclear Instruments and Methods in Physics Research Section B: Beam Interactions with Materials and Atoms, 2005, 241(1-4):

129-133.

[171] SHAO J X, ZOU X R, CHEN X M, et al. High-charge-state limit for the double-to-single ionization ratio of helium in the strong-coupling regime[J]. Physical Review A, 2011, 83(2): 022710.

[172] MEI C X, ZHAO Y T, ZHANG X A, et al. X-ray emission induced by 1.2–3.6 MeV Kr13+ ions[J]. Laser and Particle Beams, 2012, 30(4): 665-670.

[173] XU Q M, YANG Z H, DU S B, et al. Study of L-shell X-ray production cross section of Ta and Au by 20–55 McV O5+ and F5+ bombardment[J]. PhysicaScripta, 2011, T144: 014020.

[174] CHENG R, ZHOU X M, SUN Y B, et al. A platform for highly charged ions: surface-foil-gas-plasma interaction at the IMP[J]. PhysicaScripta, 2011, T144: 014015.

[175] ZOU Y, LÓPEZ-URRUTIA J R C, ULLRICH J. Observation of dielectronic recombination through two-electron–one-photon correlative stabilization in an electron-beam ion trap[J]. Physical Review A, 2003, 67(4): 042703.

[176] WU Z W, JIANG J, DONG C Z. Influence of Breit interaction on the polarization of radiation following inner-shell electron-impact excitation of highly charged berylliumlike ions[J]. Physical Review A, 2011, 84(3): 032713.

[177] ZHANG X A, ZHAO Y T, LI F L, et al. The characteristic spectral lines of target atoms in the impact of $_{40}Ar^{q+}$ ions on metal surfaces[J]. Science in China Series G: Physics, Mechanics and Astronomy, 2004, 47(6): 729-736.

[178] ZHAO Y T, XIAO G Q, ZHANG X A, et al. X-ray emission of hollow atoms formed by highly charged argon and xenon ions below a beryllium surface[J]. Nuclear Instruments and Methods in Physics Research Section B: Beam Interactions with Materials and Atoms, 2007, 258(1): 121-124.

[179] 徐忠锋, 刘丽莉, 赵永涛, 等. 不同能量的高电荷态 Ar~(12+)离子辐照对 Au 纳米颗粒尺寸的影响[J]. 物理学报, 2009, 58(6): 3833-3838.

[180] ZHANG H Q, CHEN X M, YANG Z H, et al. Molybdenum L-shell X-ray production by 350–600 keV Xe^{q+} (q=25–30) ions[J]. Nuclear Instruments and Methods in Physics Research Section B: Beam Interactions with Materials and Atoms, 2010, 268(10): 1564-1567.

[181] ZHAO Y T, XIAO G Q, ZHANG X A, et al. X-ray spectroscopy of hollow argon atoms formed on a beryllium surface[J]. Nuclear Instruments and Methods in Physics Research B, 2006, 245(1): 72-75.

[182] ZHAO Y T, XIAO G Q, ZHANG X A, et al. X-ray emission of hollow atoms formed by highly charged argon and xenon ions below a beryllium surface[J]. Nuclear Instruments and Methods in Physics Research Section B: Beam Interactions with Materials and Atoms, 2007, 258(1): 121-124.

[183] ZHANG X A, ZHAO Y T, HOFFMANN D H H, et al. X-ray emission of Xe 30+ ion beam impacting on Au target[J]. Laser and Particle Beams, 2011, 29(2): 265-268.

[184] SONG Z Y, YANG Z H, ZANG H Q, et al. Rydberg-to-M-shell X-ray emission of hollow Xe^{q+}(q= 27–30) atoms or ions above metallic surfaces[J]. Physical Review A, 2015, 91(4): 042707.

[185] CHEN X M, SHAO J X, YANG Z H, et al. K-shell ionization cross section of aluminium induced by low-energy highly charged argon ions[J]. The European Physical Journal D, 2007, 41(2): 281-286.

[186] SONG Z Y, YANG Z H, XIAO G Q, et al. Charge state effect on K-shell ionization of aluminum by 600–3400 keV Xe^{q+} (12< q< 29) ion collisions[J]. The European Physical Journal D, 2011, 64(2): 197-201.

[187] REN J R, ZHAO Y T, ZHOU X M, et al. Charge-state dependence of inner-shell processes in collisions between highly charged Xe ions and solids at intermediate energies[J]. Physical Review A, 2015, 92(6): 062710.

[188] 周贤明, 赵永涛, 程锐, 等. 近玻尔速度氙离子激发钒的 K 壳层 X 射线[J]. 物理学报, 2015, 64(23): 233-401.

[189] ZHOU X M, ZHAO Y T, REN J R, et al. Charge state effect on the K-shell ionization of iron by Xenon ions near the Bohr velocity[J]. Chinese Physics B, 2013, 22(11): 113402.

[190] ZOU Y M, WANG X X, KHAN A, et al. Environmental remediation and application of nanoscale zero-valent iron and its composites for the removal of heavy metal ions: a review[J]. Environmental science & technology, 2016, 50(14): 7290-7304.

[191] GUO Y P, YANG Z H, HU B T, et al. The continuous and discrete molecular orbital X-ray bands from Xe^{q+} (12⩽ q⩽ 29)+ Zn collisions[J]. Scientific reports, 2016, 6(1): 1-7.

[192] LEI Y, ZHAO Y, ZHOU X, et al. K-shell X-ray production in Silicon (Z_2= 14) by (1⩽ Z_1⩽ 53) slow ions[J]. Nuclear Instruments and Methods in Physics Research Section B: Beam Interactions with Materials and Atoms, 2016, 370: 10-13.

[193] REN J R, ZHAO Y, ZHOU X, et al. Target Z dependence of Xe L X-ray emission in heavy ion-atom collision near the Bohr velocity: influence of level matching[J]. PhysicaScripta, 2013, T156: 014036.

[194] 梁昌慧, 张小安, 李耀宗, 等. 不同电荷态的 $^{129}Xe^{q}$激发 Au 的 X 射线发射研究[J]. 物理学报, 2014, 63(16): 163201.

[195] 梁昌慧, 张小安, 李耀宗, 等. 近 Bohr 速度的~(152) Eu~(20+) 入射 Au 表面产生的 X 射线谱[J]. 物理学报, 2013, 62(6): 063202.

[196] WANG Y Y, GRYGIEL C, DUFOUR C, et al. Energy deposition by heavy ions: Additivity of kinetic and potential energy contributions in hillock formation on CaF_2[J]. Scientific reports, 2014, 4(1): 1-6.

[197] ZENG L X, ZHOU X M, CHENG R, et al. Temperature and energy effects on secondary electron emission from SiC ceramics induced by Xe^{17+} ions[J]. Scientific Reports, 2017, 7(1): 1-6.

[198] LIU S D, WANG Y Y, ZHAO Y T, et al. Double-peak structures in transmission of H^{2+}

ions through conical multicapillaries in a polymer: Projectile-energy dependence[J]. Physical Review A, 2015, 91(1): 012714.

[199] SUN L T, ZHAO H W, LI J Y, et al. A high charge state all-permanent magnet ECR ion source for the IMP 320 kV HV platform[J]. Nuclear Instruments and Methods in Physics Research Section B: Beam Interactions with Materials and Atoms, 2007, 263(2): 503-512.

[200] GARCIA J D, FORTNER R J, KAVANAGH T M. Inner-shell vacancy production in ion-atom collisions[J]. Reviews of Modern Physics, 1973, 45(2): 111-177.

[201] ZIEGLER J F, ZIEGLER M D, BIERSACK J P. SRIM–The stopping and range of ions in matter (2010)[J]. Nuclear Instruments and Methods in Physics Research Section B: Beam Interactions with Materials and Atoms, 2010, 268(11-12): 1818-1823.

[202] MCMASTER W H, DEL-GRANDE N K, MALLETT J H, et al. Compilation of X-ray Cross Sections[R]. California University. Livermore. Lawrence Radiation Lab, 1969.

[203] MIRANDA J, DE-LUCIO O G, LUGO-LICONA M F. X-ray production induced by heavy ion impact: challenges and possible uses[J]. RevistameXicana de física, 2007, 53: 29-32.

[204] BEARSE R C, CLOSE D A, MALANIFY J J, et al. Production of Kα and Lα X Rays by Protons of 1.0-3.7 MeV[J]. Physical Review A, 1973, 7(4): 1269-1272.

[205] SLATER J C. Atomic shielding constants[J]. Physical Review, 1930, 36(1): 57-64.

[206] LIU Z, CIPOLLA S J. ISICS: A program for calculating K-, L-and M-shell cross sections from ECPSSR theory using a personal computer[J]. Computer Physics Communications, 1996, 97(3): 315-330.

[207] CIPOLLA S J. An improved version of ISICS: a program for calculating K-, L-and M-shell cross sections from PWBA and ECPSSR theory using a personal computer[J]. Computer physics communications, 2007, 176(2): 157-159.

[208] CIPOLLA S J. An improved version of ISICS: A program for calculating K-, L-and M-shell cross sections from PWBA and ECPSSR theory using a personal computer[J]. Computer Physics Communications, 2008, 179(8): 616-616.

[209] CIPOLLA S J. ISICS2011, an updated version of ISICS: A program for calculation K-, L-, and M-shell cross sections from PWBA and ECPSSR theories using a personal computer[J]. Computer Physics Communications, 2011, 182(11): 2439-2440.

[210] BAMBYNEK W, CRASEMANN B, FINK R W, et al. X-ray Fluorescence Yields, Auger, and Coster-Kronig Transition Probabilities[J]. Reviews of Modern Physics, 1972, 44(4): 716-813.

[211] CHEN M H, CRASEMANN B, MARK H. Relativistic K-shell Auger rates, level widths, and fluorescence yields[J]. Physical Review A, 1980, 21(2): 436-441.

[212] WALTERS D L, BHALLA C P. Nonrelativistic Auger Rates, X-ray Ratesand Fluorescence Yields for the 2 p Shell[J]. Physical Review A, 1971, 4(6): 2164-2170.

[213] KRAUSE M O. Atomic radiative and radiationless yields for K and L shells[J]. Journal

of physical and chemical reference data, 1979, 8(2): 307-327.

[214] SALEM S I, PANOSSIAN S L, KRAUSE R A. EXperimental K and L relative X-ray emission ratess[J]. Atomic Data and Nuclear Data Tables, 1974, 14(2): 91-109.

[215] CAMPBELL J L. Fluorescence yields and Coster–Kronig probabilities for the atomic L subshells[J]. Atomic Data and Nuclear Data Tables, 2003, 85(2): 291-315.

[216] CAMPBELL J L. Fluorescence yields and Coster–Kronig probabilities for the atomic L subshells. Part II: the L_1 subshell revisited[J]. Atomic Data and Nuclear Data Tables, 2009, 95(1): 115-124.

[217] SCOFIELD J H. Relativistic Hartree-Slater values for K and L X-ray emission rates[J]. Atomic Data and Nuclear Data Tables, 1974, 14(2): 121-137.

[218] Scofield J H. Hartree-Fock values of L X-ray emission rates[J]. Physical Review A, 1974, 10(5): 1507-1510.

[219] BHALLA C P, RICHARD P. Role of Coster-Kronig transitions in multiply-ionized states formed in heavy-ion collisions[J]. Physics Letters A, 1973, 45(1): 53-54.

[220] KAVANAGH T M, DER R C, FORTNER R J, et al. Production of Copper L X Rays in Heavy-Ion—Atom Collisions[J]. Physical Review A, 1973, 8(5): 2322.

[221] WANG P, MACFARLANE J J, MOSES G A. Relativistic-configuration-interaction calculations of Kα satellite properties for aluminum plasmas created by intense proton beams[J]. Physical Review E, 1993, 48(5): 3934-3942.

[222] YURKIN M A, HOEKSTRA A G. The discrete-dipole-approximation code ADDA: capabilities and known limitations[J]. Journal of Quantitative Spectroscopy and Radiative Transfer, 2011, 112(13): 2234-2247.

[223] BHALLA C P, FOLLAND N O, HEIN M A. Theoretical K-shell Auger rates, transition energies, and fluorescence yields for multiply ionized neon[J]. Physical Review A, 1973, 8(2): 649-657.

[224] DESLATTES R D, KESSLER J E G, INDELICATO P, et al. X-ray transition energies: new approach to a comprehensive evaluation[J]. Reviews of Modern Physics, 2003, 75(1): 35-99.

[225] WANG J J, ZHANG J, GU J G, et al. Highly charged Ar q+ ions interacting with metals[J]. Physical Review A, 2009, 80(6): 062902.

[226] HUANG K N, AOYAGI M, CHEN M H, et al. Neutral-atom electron binding energies from relaxed-orbital relativistic Hartree-Fock-Slater calculations $2 \leqslant Z \leqslant 106$[J]. Atomic data and nuclear data tables, 1976, 18(3): 243-291.

[227] WEI J, ZHOU X, CHENG R, et al. Mg K-shell X-ray emission induced by various ions[J]. Nuclear Instruments and Methods in Physics Research Section B: Beam Interactions with Materials and Atoms, 2021, 496(1): 78-83.

[228] CZARNOTA M, BANAŚ D, BERSET M, et al. Observation of internal structure of the L-shell X-ray hypersatellites for palladium atoms multiply ionized by fast oxygen ions[J]. Physical Review A, 2010, 81(6): 064702.

[229] MAURON O, DOUSSE J C, HOSZOWSKA J, et al. L-shell shake processes resulting from 1s photoionization in elements 11≤Z≤17[J]. Physical Review A, 2000, 62(6): 062508.

[230] RZADKIEWICZ J, ROSMEJO, BLAZEVIC A, et al. Studies of the Kα X-ray spectra of low-density SiO2 aerogel induced by Ca projectiles for different penetration depths[J]. High Energy Density Physics, 2007, 3(1-2): 233-236.

[231] SŁABKOWSKA K, POLASIK M. Systematic multiconfiguration Dirac-Fock method study of the K X-ray spectra of silicon[J]. Journal of Physics: Conference Series, 2009, 163(1): 012040.

[232] RZADKIEWICZ J, GOJSKA A, ROSMEJ O, et al. Interpretation of the Si K α X-ray spectra accompanying the stopping of swift Ca ions in low-density SiO_2 aerogel[J]. Physical Review A, 2010, 82(1): 012703.

[233] KOBALl M, KAVČIČ M, BUDNAR M, et al. Double-K-shell ionization of Mg and Si induced in collisions with C and Ne ions[J]. Physical Review A, 2004, 70(6): 062720.

[234] KUMAR A, MISRA D, KELKAR A H, et al.A high resolution X-ray crystal spectrometer to study electron and heavy-ion impact atomic collisions[J].Pramana, 2007, 68(6): 983-994.

[235] BANAŚ D, PAJEK M, SEMANIAK J, et al. Multiple ionization effects in low-resolution X-ray spectra induced by energetic heavy ions[J]. Nuclear Instruments and Methods in Physics Research Section B: Beam Interactions with Materials and Atoms, 2002, 195(3-4): 233-246.

[236] CZARNOTA M, PAJEK M, BANAŚ D, et al. Observation of L X-ray satellites and hypersatellites in collisions of O and Ne ions with Mo and Pd[J]. Nuclear Instruments and Methods in Physics Research Section B: Beam Interactions with Materials and Atoms, 2003, 205: 133-138.

[237] CZARNOTA M, BANAŚ D, BERSET M, et al. High-resolution X-ray study of the multiple ionization of Pd atoms by fast oxygen ions[J]. The European Physical Journal D, 2010, 57(3): 321-324.

[238] SŁABKOWSKA K, POLASIK M. Structure of L X-ray satellite and hypersatellite lines of palladium[J]. Radiation Physics and Chemistry, 2006, 75(11): 1471-1476.

[239] SŁABKOWSKA K, POLASIK M. Theoretical multicon.guration Dirac-Fock method study on the structure of L X-ray satellite and hypersatellite lines of zirconium[J]. Journal of Physics: Conference Series, 2007, 58(1): 263-266.

[240] CIPOLLA S J. L X-ray intensity ratios for proton impact on selected rare-earth elements[J]. Nuclear Instruments and Methods in Physics Research Section B: Beam Interactions with Materials and Atoms, 2007, 261(1-2): 153-156.

[241] MIRANDA J, DE-LUCIO O G, TÉLLEZ E B, et al. Multiple ionization effects on total L-shell X-ray production cross sections by proton impact[J]. Radiation Physics and Chemistry, 2004, 69(4): 257-263.

[242] BIEŃKOWSKI A, BRAZIEWICZ J, CZYZEWSKI T, et al. M-shell X-ray production in heavy elements by low-energy protons[J]. Nuclear Instruments and Methods in Physics Research Section B: Beam Interactions with Materials and Atoms, 1990, 49(1-4): 19-23.

[243] SEMANIAK J, BRAZIEWICZ J, PAJEK M, et al. L-subshell ionization of heavy elements by protons and deuterons[J]. International Journal of PIXE, 1992, 2(03): 241-246.

[244] JOPSON R C, MARK H, SWIFT C D. Production of characteristic X-rays by low-energy protons[J]. Physical review, 1962, 127(5): 1612-1618.

[245] SARTER W, MOMMSEN H, SARKAR M, et al. L-shell X-ray production cross sections in the proton energy range 250-400 keV [J]. Journal of Physics B: Atomic and Molecular Physics, 1981, 14(16): 2843-2851.

[246] CHMIELEWSKI J J, FLINNER J L, INMAN F W, et al. Study of the L-shell X-ray production cross section of cadmium by proton bombardment[J]. Physical Review A, 1981, 24(1): 29-32.

[247] KROPF A. Measurement of proton-induced L-shell X-ray cross sections for elements with the atomic number between 40 and 51. Ph.D. Thesis, Johannes Kepler Universität, Linz,1982.

[248] KREYSCH G, KERKOW H, BOGDANOV R I, et al. Proton - induced L-shell X-ray emission cross-sections of elements with $24 \leqslant Z_2 \leqslant 50$ for projectile energies between 30 and 350 keV[J]. physica status solidi (a), 1983, 78(2): 507-525.

[249] MIRANDA J, DE-LUCIO O G, TÉLLEZ E B, et al. Multiple ionization effects on total L-shell X-ray production cross sections by proton impact[J]. Radiation Physics and Chemistry, 2004, 69(4): 257-263.

[250] FAST S, FLINNER J L, GLICK A, et al. L X-ray production cross sections for (120-400)- keV proton bombardment of indium[J]. Physical Review A, 1982, 26(5): 2417-2420.